走进量子世界，
揭开量子力学的神秘面纱，
回归宇宙本源的终极命题！

随着新时代的到来，崭新的计算和通信方式走进了大多数人的生活。人们不得不承认，新的理论正逐渐颠覆我们的传统认知，甚至正改变着我们的日常生活。

在一片争议声中，量子理论缓慢前行，它为微观世界做出了宏观代言。它使量子电视、量子打印、量子电池等新产品在时代的呼吁下孕育而生。人们开始走进微观世界，制作各种精妙的产品。

物理学界通常将量子力学称为“接近于神”的理论。因为它开启了人类对宇宙本源认知的新旅程，同时也为大众读者了解量子力学蒙上了一层厚厚的面纱。《量子时代》的作者布莱恩·克莱格，用最通俗的语言为人们开启了这扇神秘大门。

《量子时代》从费曼对量子物理学的研究开始，对量子理论作了详细的介绍。展示了科学家们是如何在一片质疑声中逐渐形成了量子理论，并将这一理论与我们的日常生活关联起来。书中用通俗的语言将少数人才能理解的微观理论表达出来，从电子、光等各个方面入手，最终回答了宇宙起源及宇宙终极命运的问题。

《量子时代》是布莱恩·克莱格继《量子纠缠》、《宇宙大爆炸之前》、《万有引力》等畅销书之后又一部科普力作。作者以幽默风趣而又通俗易懂的语言为读者讲述了量子科学的发生、发展及其与人们日常生活的关系。阅读本书，我们可以紧跟科学家的脚步进入神秘的“量子时代”，进一步思考宗教、神学，乃至人类归宿等终极哲学命题。

科学可以这样看丛书

THE QUANTUM AGE
量子时代

微观物理学正改变我们的生活

〔英〕布莱恩·克莱格（Brian Clegg） 著
张千会　杨桓　唐禾　李麒 译

诠释生活中的量子科技
探索量子纠缠的本质
宇宙起源及宇宙的终极命运

重庆出版集团　重庆出版社

图书在版编目(CIP)数据

量子时代 / (英)布莱恩·克莱格著；张千会，杨桓，唐禾，李麒译. —重庆：重庆出版社，2019.1(2025.5重印)
(科学可以这样看丛书/冯建华主编)
书名原文：THE QUANTUM AGE
ISBN 978-7-229-13528-7

Ⅰ.①量… Ⅱ.①布… ②张… ③杨… ④唐… ⑤李… Ⅲ.①量子论—普及读物 Ⅳ.①O413-49

中国版本图书馆CIP数据核字(2018)第201071号

量子时代
LIANGZI SHIDAI
〔英〕布莱恩·克莱格(Brian Clegg) 著 张千会 杨桓 唐禾 李麒 译

责任编辑：连 果
审 校：冯建华
责任校对：何建云
封面设计：博引传媒·何华成

重庆出版集团
重庆出版社 **出版**

重庆市南岸区南滨路162号1幢 邮政编码：400061 http://www.cqph.com
重庆出版集团艺术设计有限公司制版
重庆市国丰印务有限责任公司印刷
重庆出版集团图书发行有限公司发行
全国新华书店经销

开本：710mm×1000mm 1/16 印张：13.25 字数：220千
2019年1月第1版 2025年5月第13次印刷
ISBN 978-7-229-13528-7
定价：45.80元

如有印装质量问题，请向本集团图书发行有限公司调换：023-61520417

Advance Praise for THE QUANTUM AGE
《量子时代》一书的发行评语

如果你希望寻找一本有趣的关于量子物理学以及如何应用于日常生活的书籍，本书是不二之选。

——《BBC聚焦》(*BBC Focus*)

布莱恩·克莱格用简单且通俗的语言为我们生动解释了复杂的科学概念。《量子时代》是克莱格的作品中最好的一本，因为书中所提的物理学概念与21世纪人们的生活息息相关，尽管对大多数人而言，这些概念晦涩难懂。从太阳如何发光到量子计算机的革命，本书集吸引、娱乐和知识于一身。

——约翰·格里宾（John Gribbin），
《寻找薛定谔的猫》(*In Search of Schrodinger's Cat*)、
《利用量子猫进行计算》(*Computing With Quantum Cats*）作者

让本书脱颖而出的关键在于它集中了量子物理学的应用，正是这些东西改变了我们的生活，并将我们带入了克莱格所说的"量子时代"。这是一本非常有趣的书！

——《时代高等教育》(*Times Higher Education*)

保证人人都会发现它的魔力。

——尼克·史密斯（Nick Smith），
《电子科技杂志》(*E&T Magazine*)

致谢

首先要感谢我的编辑邓肯·希斯(Duncan Heath)对本书的帮助和支持。其次要感谢所有为我提供资料并给予我帮助的人。

最后要特别感谢已故的理查德·费曼(Richard Feynman)先生,他揭开了量子理论的神秘面纱,并将其变成了科学家们必须面对的挑战,也是他的著作让我对量子理论如此着迷。

For
Gillian, Chelsea and Rebecca

献给
吉利安、切尔西和丽贝卡

目录

前言

上学的时候，我们很可能接受过科学老师的欺骗。课堂上，老师教授的科学知识大多为维多利亚时期所留存，尤其是物理学知识。这也许在一定程度上解释了，为什么大多数人认为课堂上所学的科学知识很无趣。量子理论、狭义/广义相对论是物理学中最重要的基本理论。这些理论早在20世纪就取得了一定发展，但却一直未能引起学校教学的重视。一部分原因是这些理论本身晦涩难懂，另一部分原因是老师们也对这些理论知之甚少。这一现状的确令人遗憾，因为这两个理论中的任何一个都是极其重要的，对我们的日常生活具有重要影响。

相对论既让人着迷又让人难以置信，它的核心引力理论与我们的生活息息相关。一个非常著名的应用与此相关，全球卫星定位系统就需要依靠狭义/广义相对论。在爱因斯坦提出他的理论之前，"经典"物理学已能精确地描述我们所能观察到的几乎大多数物理现象。除非我们以接近光的速度进行运动，否则，"经典"物理学的内容几乎可以解决地球上的任何问题——小到汽车的加速度，大到登月计划。量子物理学却完全不同。它除了让人着迷让人称奇之外，还无处不在。我们看到的、触摸到的和用到的所有事物都是由量子构成。如我们借以看见其他物品的光线、我们自己、太阳和其他恒星等。此外，核聚变为太阳提供能源的过程也是依照量子物理学原理发生的。

量子物理学天生就充满着趣味性，而我们几乎没能在学校阶段学习过它的任何知识。量子物理学并不局限于构筑物理学这座大厦的根基，事实上，它在我们的实际生活中无处不在。据统计，发达国家的国内生产总值中，大约35%的部分都应归功于量子物理学技术，量子物理学并不局限于构建原子。事实上，量子物理学的应用非常深远。我们正在经历一场革命，只是这场革命的名字还没有取好而已。

这已经不是人类首次因为技术进步而改变生活方式了。历史学家们通常会构思出一个名字来凸显这一技术“时代”，如石器时代、铜器时代、铁器时代，皆以其技术特点而命名。这些新发现的可用材料可使人们生产出更多功能更强效率更高的工具及产品。19世纪初，人类进入了蒸汽时代，应用热力学改变了我们提供能源的方式。我们不再依赖牲畜劳作以及风力水力这些不可预估的能源，转向可控制的蒸汽制造能源。当下的今天，虽还未获得官方的正式认证，但我们已步入了量子时代。

量子时代始于哪个节点，我们尚未厘清。但我们现在所使用的电能，即是量子科技的第一项应用。电通过导体的流动就是一个量子过程，尽管曾经的电学先驱们并未意识到这点。如说这项应用太微弱，尚不能称其为一场革命的话。电子技术的引入（有意识地利用量子效应）则明确意味着我们已步入了一个崭新的时期。在那之后，人类发明了各样的经典的量子设备，比如：无处不在的激光以及核磁共振扫描仪等；又比如：手机、电视、超市结账机、照相机，都是利用的量子效应。

没有量子物理学，就不会有物质和光照（太阳光）。更“可怕的”是，我们也许连苹果手机也无法使用。

至此，“量子”这个词我已提及了17次，还不算扉页与封面上的。接下来，我们从“量子”这个词的定义入手，探寻其背后的奇异与美妙的科学，这是一件非常有趣的事情。

1　量子入门

20 世纪以前，人们认为无论以何种尺度做观察，所观察到的物质都应是相同的。我们回溯古希腊时期，一群哲人曾做过这样的思考：如果把某个物体切成小块，无限重复这一过程直到其小到不能再进行切割为止（原子）会发生什么？他们设想原子就是我们所观察的物质的缩小版。比如，奶酪的原子除了在尺寸上较奶酪更小之外，与一整块奶酪并无区别。但量子理论却颠覆了我们的传统认知。当我们试图去解释世界中的微观单位，像光子、电子以及现代意义的原子时，我们无法直接地通过感官感受到它们的存在。

量子时代　范式转移

当人们意识到了量子层面的存在，科学史学家们开始夸张地将这一转变称为“范式转移”。突然间，科学家们的世界观发生了变化。在量子革命之前，科学家们认为原子（假设原子存在——20 世纪以前，许多科学家对原子的存在持保留态度）就是它们所构成的物质的无限小的球状物。量子物理学指出了它们的差异。比如，一块石墨和一个钻石完全不同，但石墨或者钻石的内部却充满着相同碳原子的集合。量子的活动很奇怪，但并不意味着没拿到物理学博士学位的人就没法理解并对它敬而远之。我就一直在给 10 岁左右的孩子教授量子理论的基础知识。我并不教授他们数学，了解量子理论的过程也无需任何数学计算。学生需要做的只是抛开怀疑，因为量子的活动总不按常理出牌。

20 世纪伟大的量子物理学家理查德·费曼（我会在后面的内容中作详细介绍）曾在一次公开演讲时这样说道："你们认为，我将知识讲述给你们，你们就听懂了吗？不，你们并未听懂。既然这样，我为何还要继续给你们讲课呢？为什么你们难以听懂我的课，还要花如此长的时间坐在这儿聆听呢？我的任务是劝你们，不要因为不懂而离开。其实，我的那些物理系的学生们也难以听懂。因为我自己也不懂，事实上，没有人懂。"

表面上看，好像是费曼教授让听众们失去了兴趣，因为他说学生们难以听懂他的授课内容。同时，费曼教授还声称自己也不懂量子物理学。相比之下，理论研究不如费曼教授的我却在给 10 岁的孩子们教授量子理论，这似乎不好解释。事实上，费曼在讲述了之前那段话后，接着进行了补充表达："不是听众们无法了解量子领域发生的大事或者量子物理学所描述的一些现象，只是没人了解为什么它会以它所发生的形式发生。此外，它是那么的不符合常理，这给我们对它的认知造成了很大的麻烦。"就量子理论而言，10 岁的孩子比成年人或许更容易接受，这也是我认为这门课（和相对论）在小学就应开设的一个重要原因。

费曼教授接着说道："下面，我给大家介绍自然的概念。如果你不喜欢这一段的学习内容，也许会对你之后理解自然产生阻碍……量子电动力学理论（统一光与物质的理论）将自然描述为来自常识观点的谬误。而这也与我的实验完全吻合。所以，我希望你们能够接受本质的自然——谬误。"我们得接受并承认小说家 D. H. 劳伦斯（D. H. Lawrence）（尽管他不是量子理论的狂热爱好者）提出的观点：他喜欢量子理论的原因是他对量子理论完全不懂。

量子时代 新事物带来的震撼

量子理论带来令人震惊的巨变的一部分原因是：在 20 世纪伊始，科学家们对自己的认知水平沾沾自喜。回顾历史，科学家们从未有过这样的自满情绪，当然，在那之后也不应该再有了（尽管有一些现代科学家悄悄混进了这一群体）。当时，著名的物理学家，如开尔文勋爵威廉·汤姆森（William Thomson，Lord Kelvin）曾说过的一些话就是这种自满情绪的经典体现。1900 年，他曾自满地说："物理学不会再有其他新发现了，我们余下的工作就是让测量变得越来越精确。"他会为他说的话感到遗憾。他的话让我又想到了另一位名人，他就是国际商业机器公司（IBM）第一任首席执行官大托马斯·J. 沃森（Thomas J. Watson），他曾在 1943 年说过一句令人印象深刻的错误言论："我认为全球市场可能只需要 5 台计算机。"

就在开尔文勋爵说出这段话的几个月之后，一位叫马克思·普朗克（Max Planck）的德国物理学家就动摇了他这十分确定的观点。普朗克巧妙地刺激并回应了开尔文"不会再有新发现"这一说法——他为这一技术问题取了一个让人印象深刻的名字："紫外线灾难。"我们知道，物体被加热时会发射出光。举例，取一块铁并将其放在火炉上烤，铁会发热并产生红色的光，之后变为黄色并白热化，最终变为淡蓝色的光。当时的物理学预测出的"大灾难"就是热体发射光的能量应与该光波频率的平方成正比。换句话说，即便是在室温条件下，所有的物体都应发出蓝光并放射出更多的紫外线。但在现实中，这种现象并不存在，也不可能发生。

为了解决这个问题，普朗克作了弊。他假设，不管物体体积达到多大的数量级，都不会按人类所期望的光波形式发出光。我们认为，光波可以有各种不同的波幅和波长——它们是连续改变的，而非分离成离散的组分。（所有人都知道光是一种波，这是学校老师灌输给学生的。事实上，这种说法早在维多利亚时期就形成了。直到今天，我们还在坚守着将这样的意识灌输给我们的下一代。）

普朗克认为，如果光散发出的波长是固定大小的区块呢？这样，问题就得到了解决。将光限定为区块，然后再把它推到数学运算上去，这样就不会产生失控效应了。事实上，普朗克非常清楚，他并不认为光真的是区块（或者他称作"quanta"的东西，"quanta"是拉丁文中"quantum"的复数形式，意思是"数量"）。但他的这种想法还歪打正着地让数学运算起了作用。可为什么事情会如此发展，他自己也说不清楚。因为他知道，光是一种波的结论是经过了大量实验证明的。

时量代子 托马斯·杨的实验

可能这一类实验中最著名的要数博学家托马斯·杨（Thomax Young）的杰作“杨氏双缝干涉实验”了。在这之后，我还会多次提到该实验。这位富有的医师兼科学爱好者在他幼年时期就显得不同寻常。他2岁开始阅读《圣经》，并向父母寻问《圣经》中出现的一些长单词，父母也意识到了孩子的不同凡响。13岁时，他可以熟练地阅读希腊语、拉丁语、希伯来语、意大利语和法语书籍。这自然预示着杨以后会闻名于世。他最先尝试将埃及的象形文字翻译成英文。但他的兴趣并不完全在语言上，他发现了工程学中弹性的概念，并拟制了死亡率表格以帮助保险公司设置保费。

杨在研究温度对露珠形成的影响时，对光的理解有了重大突破。在观察烛光对水滴散发出的细雾的影响时，杨发现了——光照射到白屏上会产生一系列的彩色环状物。他怀疑这种作用是光波间的相互作用引起，这也证实了克里斯蒂安·惠更斯（Christiaan Huygens）在牛顿时期提出的光具有波动性的这一说法。1801年，杨做好了充分的准备，希望通过一项实验来证明光是一种波。

杨在一张纸上扎了一个狭缝，在这张纸的后面再放了一张纸，不同的是第二张纸上开了两道平行的狭缝（两个狭缝之间的距离很小）。光依次通过两张纸上的狭缝后，从小孔中投射出的光会落到后面的屏幕上，形成了双缝干涉条纹。你可能认为，通过狭缝的光会在屏幕上投射出一道明显的光线，但杨的实验结果是一系列相互交替的明暗条纹。对他来说，这项实验可以明确地证明光是一种波。从两个狭缝中透出的波是相互干扰的。如果两个涟波向着同一方向，它们在屏幕上相遇将投射出明纹。如果波纹的方向相反，一个向上一个向下，那么，它们的亮度就会相互抵消，产生暗纹。在现实生活中，如果你将两块紧挨着的石头投入静水中，观察波纹的相互作用时会发现——波纹有时会变大，有时会相互抵消。这个效果与杨的实验很类似，这也是波的自然变化。

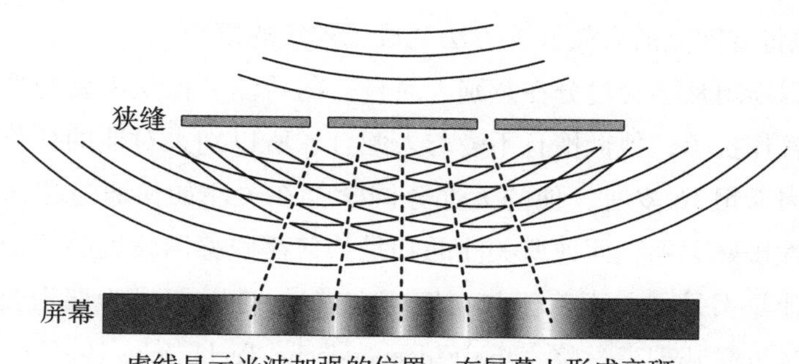

虚线显示光波加强的位置，在屏幕上形成亮斑

图 1　杨氏双缝干涉实验

这个演示让普朗克相信，他的量子理论只是为了使计算数据与所观察到的实际情况更加吻合，因为光就应该是一种波。但一个敢于挑战传统的人，阿尔伯特·爱因斯坦试图证明普朗克的说法是错误的。爱因斯坦最初是希望证明普朗克的观点比他想象的更接近事实，尤其是普朗克 1913 年推荐爱因斯坦当选普鲁士科学院院士时。而后来，他们在观点上的分歧越来越大，普朗克还经常请求普鲁士科学院忽略爱因斯坦有时提出的无理提议，“爱因斯坦进行物理推测时经常脱离目标，比如他的光量子理论……”

量子时代　爱因斯坦初涉科学界

阿尔伯特·爱因斯坦在 1905 年做出了有关量子理论的“推测”，当时的他很年轻，只有 26 岁（不要一提到爱因斯坦就想到他白发苍苍的形象。当时的他可是年轻气盛的花花公子）。对爱因斯坦来说，1905 年是不寻常的一年。那年，这位未来科学家还没有拿到博士学位，严格来说，只能算个业余科学爱好者。而他却提出了狭义相对论[①]的概念，解释了布朗运动[②]的原理，表明了原子真实存在并解释了光电效应（见后文）。他将普朗克的有效计算方法变成了现实的模型。

爱因斯坦从不会过分在意别人对自己的看法。他从小就与严格的德国式教育作抗争，他懒惰且不爱与人配合，所以别人对他的评价通常不高。爱因斯坦 16 岁时，他的大部分同学都在关注如何通过考试以及如何与异性搞好关系，而他所关注的却是如何摆脱德国公民的身份（这并不代表他是书呆子，不善于与女性打交道）。他希望成为瑞士公民，所以向苏黎世联邦理工学院（the Eidgenössische Technische Hochschule，简称 ETH）提交了入学申请。他对自己在科学方面的能力非常自信，所以他申请了入学考试。但遗憾的是，他落榜了。

爱因斯坦落榜的原因是太年轻，且只对科学感兴趣。他不明白为什么要花时间学习其他科目，但 ETH 的考试就是要选出全能型的学生。学校的校长对年轻的阿尔伯特印象深刻，推荐他去瑞士一所中学先接受通识教育。第二年，爱因斯坦再次申请 ETH 并成功通过了该校的入学考试。该校的物理系主任海因里希·韦伯（Heinrich Weber）这样评价爱因斯坦顽固的个性："你很聪明，但你有一个极大的缺点，从来听不进别人的话。"尽管如此，ETH 还是给予了爱因斯坦比严苛的德国学校更多的空间去追逐自己的梦想。

毕业后，爱因斯坦给一些著名科学家写信，希望能得到一份为他们当助手的职务。在这一想法失败后，他成为了一名老师，这至少能让他先取得瑞士国籍。在这之前，他早已宣布放弃德国国籍。从法律上看，他当时的状况处于无国籍状态。不过，很快他就找到了另一份工作，他成功申请到了伯尔尼专利局的一个专利员（第三级）职位。这份工作让他有充足的时间进行思考。

---

① 爱因斯坦对伽利略相对论的拓展。在此之前，伽利略发现所有物体的运动都是相对的，但爱因斯坦进行了补充：光的运动是匀速的。狭义相对论表明时间和空间有关，且会随观察者运动速度的变化而变化。

② 苏格兰植物学家罗伯特·布朗（1773—1858 年）观察到悬浮在水中的花粉颗粒会跳舞。爱因斯坦解释这是由于快速移动的水分子与花粉相互碰撞造成的。

时量代子 来自光的电

爱因斯坦1905年还在专利局工作时，就将普朗克的技巧变成了量子理论的现实基础。爱因斯坦的有关光电效应的论文加大了他获得诺贝尔奖的概率。爱因斯坦的论文主要讨论的是光电效应，即我们今天随处可见的太阳能电池背后所隐藏的科学，这些电池可以从日光中摄取能量用以发电。20世纪初的科学家和工程师们意识到了这一效应。尽管当时对这一效应的研究仅局限在金属中进行，而不是在半导体中。光电效应的出现并不值得惊奇。众所周知，光是具有电力学特性的，因此，它可以推动金属中的电子[①]运动进而产生较小的电流。但它发生的原理却很奇怪。

许多年前，匈牙利物理学家菲利普·勒纳（Philipp Lenard）针对该效应曾做了很多实验。他发现，不管照射在金属上的光有多强，其释放出来的电子所含的能量都是一样的。如果将光谱向能量较低的方向移动，不管光照的强度有多大，都不会有电子流动。所以，光是一种波的这种说法就值得推敲了。这就比如：即便海浪再大再高，如果不经常出现的话，还是一粒沙子都卷不走。只有海浪经常袭来，才能冲走沙粒。

爱因斯坦意识到，普朗克的量子理论，他提出的光的区块的假说可以对此作出解释。如果光是由一系列的粒子而不是一种波构成，它就会产生所观察到的效应了。一个光粒子［直到20世纪20年代，美国化学家吉尔伯特·路易斯（Gilbert Newton Lewis）才将其命名为光子］，如果具有足够大的能量是可以从原子中把电子敲出的。就光而言，其能量越高，就会在光谱中更靠近右端。这与光子的数量即光的亮度并没有关系，因为光电效应是由一个单独的光子和一个单独的电子相互作用产生的。

爱因斯坦不仅将普朗克的数学猜想变成了对现实的描述，还解释了

① 电子是构成原子的基本粒子，带负电荷，在原子中围绕原子核旋转，并负载电流。

光电效应，他为整个量子物理学奠定了基础。这一学科成为了他接下来的科研生涯中花费最大功夫去挑战的东西。在之后的 10 年，爱因斯坦研究的量子概念将在一位丹麦的年轻物理学家尼尔斯·玻尔（Niels Bohr）那里得到发展，并用来解释与原子相关的一个重要问题，因为原子的运动是不稳定的。

时量代子 不可切分的物质

我们知道，有关原子概念的提出可以追溯到古希腊时期。之后，英国化学家约翰·道尔顿（John Dalton，1766—1844 年）解释了原子是元素的本质。但直到 20 世纪初（受到爱因斯坦于 1905 年发表的一篇有关布朗运动的文章的启发），原子的概念才被重视起来——它不再是一种比喻性的概念，而是有了真正含义的物质。科学家对原子的最初的构想是这样的：原子是物质切割到终极的最小单位（希腊语中用“atomos”表示不可分割）。但在 1897 年，约瑟夫·约翰·汤姆森（Joseph John Thomson）（我们经常称他为 J. J.）发现原子可以释放出一种更小的粒子，他将其称为电子。汤姆森还发现，任何原子释放出的电子都具有相同性。他由此推测，电子是原子的一部分。续而，他提出了原子还可以继续切分的理论。

电子带负电荷，而原子不带电。所以，原子内一定还含有别的物质，这种物质可以抵消电子携带的负电荷。汤姆森设想出了原子的“梅子布丁模型”。在这个模型中，许多电子（布丁中的梅子）分布于带正电荷的布丁里。汤姆森曾认为原子的质量全部来源于电子，按照他的观点反向推理，即便是最轻的原子氢原子也至少包含了 1 000 个电子。之后的研究表明，原子中带正电的部分也具有质量。就像我们今天所知道的，氢原子事实上只有 1 个电子。

时量代子 玻尔的发现之旅

当25岁的物理学家尼尔斯·玻尔获得奖学金且能在远离家乡的地方研究原子时，他知道自己想去的地方——去找伟大的汤姆森，和他一同研究原子。所以，1911年，玻尔来到了剑桥大学，身上带着一本狄更斯（Dickens）的《匹克威克外传》和一本词典，试图提高自己有限的英语水平。事实上，他的计划并不顺利。玻尔第一次与汤姆森见面，就指出这位伟人的一本书里存在一处运算错误。玻尔没有得到他预想的与汤姆森合作的机会，甚至鲜有机会见到这位当时的剑桥物理之星。在大部分时间里，他只能做他最不喜欢的事——实验。

1911年底，两次与欧内斯特·卢瑟福（Ernest Rutherford）的偶遇改变了玻尔的命运，并为量子理论的发展奠定了基础。一次，玻尔去曼彻斯特拜访朋友的时候与卢瑟福偶遇；一次，玻尔参加剑桥大桥举办的有十道主菜的晚宴上与卢瑟福偶遇。新西兰物理学家欧内斯特·卢瑟福给玻尔留下了深刻印象。但当时的卢瑟福还在曼彻斯特大学工作，他正努力尝试推翻梅子布丁模型这一说法。他认为原子的大部分质量应集中在带正电荷的部分，该部分位于原子中心的一个小小的核上。与汤姆森相比，为卢瑟福打工对玻尔来说更具可能性，所以玻尔马上动身去了曼彻斯特。

在那里，玻尔将自己的想法整合起来，形成了量子原子的基本原理。我们假设，将维持行星秩序的万有引力进行替换，替换为带正电的原子核与带负电的电子之间的电磁引力。那么，质量较大的原子核和一群质量较小的环绕其外的电子就与太阳系示意图几乎相近，它们在形式上是相似的。尽管在当时，有不少人用太阳系示意图来示意原子，但在实际上，这幅图存在一个缺陷。如果电子绕原子核运动，它就会释放能量并最终陷入中心（原子核），因为运动中的电荷会释放能量（电子如想保持在轨道内运行，就必须作加速运动）。如果我们假设电子固定在一个位置不动则更不靠谱，因为根本不存在电子不动这样的稳定结构。

这给玻尔提出了一个巨大的挑战。

一些实验报告表明，原子在加热后会释放出不同能量的光子。玻尔受这些实验报告的启发，提出了一些大胆的猜想。他判定，电子可以处在固定的轨道内运动——我们只需将电子的运行轨道固定，如同固定铁路轨道一样，而不是卫星那种可变轨道。如电子想在两条轨道间移动，就需要一个定量的能量，相当于吸收或释放光子。这样，不仅光"被量子化"，原子结构也"被量子化"了。如此，电子只能从一个轨道跃迁到另一个轨道。

原子的内部结构

原子非常神奇，花时间思考它是非常有价值的。尽管传统的太阳系示意图存在致命缺点，但我们还是可以局部应用于原子。首先，原子与太阳系具有相似性——原子的中心质量大，外部质量小。我们用最简单的氢原子作分析，氢原子只有一个带正电荷的粒子（质子）作为它的原子核，和一个位于外部的带负电荷的电子。质子的质量比电子的质量高2 000倍，这与太阳的质量远大于地球的质量相似。其次，原子与太阳系还存在一个相似点——它们体积中的大部分地方是空的。

原子大部分体积是空的，对这一表述最早最形象的比喻是：如果你将原子核想象为一只苍蝇般大小，那么，整个原子应该有一座教堂那般大。在这些余下的空间中，除去电子的其他部分皆为空。现在，我们不再用太阳系作类比了。我曾经提到过，如果原子确为类似太阳系的样子，那么，这样的原子终究会坍塌。原子不同于太阳系的一个重要区别在于——电子和原子核被电磁力吸引，而太阳系中的星体被万有引力吸引。原子核中的电子所带的负电量和质子所带的正电量完全相同，这种现象是奇特的，能对它进行透彻解释的人可以轻松获得诺贝尔奖。我们目前尚不能对其作出正确解释，但让原子以这样的方式运转并不困难。这与太阳系是不同的，万有引力对原子来说，只是一剂调味料。

原子不同于太阳系的最后一个重要原因是——在原子中，电子并非像行星绕太阳那般绕着原子核在明确的、固定的轨道上运转。它们甚至没有像玻尔想象的那样按照铁轨一样的固定轨道运行。今天的科学家们发现，量子原子从不按常理出牌。电子像模糊的云散布在原子核的周围，并非平面设计师喜欢的那种连续的弯曲的轨迹（尽管这样的图很难绘画）。接下来，我们对这个问题进行更深入的探讨。

时代 量子 建立在玻尔的基础之上

曾有人提出，玻尔的原子结构理论改变了我们对物理学的传统看法的观点过于浮夸，因为玻尔最初选用的模型都是一些结构简单的原子（如氢原子）。事实上，在这之后不久，一群年轻的物理学家路易·维克多·德布罗意（Louis Victor de Broglie）、沃纳·卡尔·海森堡（Werner Karl Heisenberg）、埃尔温·薛定谔（Erwin Schrödinger）和保罗·狄拉克（Paul Dirac）纷纷涌现并加入了玻尔的研究。他们接过了玻尔的接力棒并继续推动量子理论的发展，他们试图找到一种描述原子或其他量子粒子如质子运动的有效方式。但他们并未朝着好的方向发展下去——至少没有按照我们预想的样子进行下去。

路易·德布罗意认为爱因斯坦对于光是一种波的认定为物理学带来了二象性。因为那些经常被我们看作是粒子的量子物体（如原子和电子），它们的活动时常表现出波的特性。我们将杨氏双缝干涉实验作变更，用其他粒子（如电子）做实验，同样可以产生干扰模型。沃纳·海森堡不赞同玻尔提出的依照“真实”的观测基础建立电子运行轨道的模型并放弃了对量子粒子作直观解释的想法。海森堡提出了一种预测量子粒子行为的纯数学的运算方法——矩阵力学。这些矩阵（二维数字阵列）不代表任何直观的东西，它们只是数值。我们每当对这些矩阵进行正确排列时，就会产生与现实观察到的现象较为相符的结果。

相比于海森堡，埃尔温·薛定谔更接受形象直观的东西。他提出了另一种构想——波动力学（量子力学的两大形式之一）。薛定谔希望用波动力学描述德布罗意波（物质波）的运动方式。保罗·狄拉克认为薛定谔的构想和海森堡几乎相同。但如果薛定谔认为他已驯服了量子的野性的话，他就铸下了大错。如果他的波动方程确实能准确描述粒子的运动，那就说明量子粒子会逐渐分散，一段时间后则无处不在。这实在是太荒谬了。更糟糕的是，薛定谔的波动方程中还运用了虚数。换言之，他的运算是有误的。

时量代子 不可为真的数字

虚数这个概念自16世纪以来就一直存在，它们基于平方根而成立。你也许还记得学校学过的平方根的运算方法——原数值开方后，得出的数值与自己相乘，又会得出原数值。

比如：4的平方根是2，或者说2是4的一个平方根。同时，还存在一个-2，当它与自己相乘时也能得出数值4。所以，4有两个平方根——2和-2。问题出来了，-4的平方根是多少？答案不是2也不是-2，因为2或-2与自己相乘后得出的数值都是4。那么，负数有平方根吗？它的平方根是多少？为解决这一问题，数学家们为-1的平方根发明了一个任意值i。通过i的存在，我们就可以计算出-4的平方根是2i和-2i。数学家们将这些依赖i而存在的数字定义为虚数。

虚数也许是数学家们自娱自乐想出来的东西——在数学上它们很有趣，但在现实中却并无作用。不过，由虚数与实数共同构成的复数则在物理学和工程学方面应用很广，如3+2i。如果我们将复数看作标注在坐标图上的一点，实数在x轴上，虚数在y轴上，那么，复数就是代表这两个维度中某一点的那个确定值。只要在提出现实世界预测之前将虚数的部分抵消掉，复数将会是很实用的工具。但在薛定谔的波动方程中，虚数并未礼貌地走开，而是始终处于尴尬的地位。

时量代子 平方的概率

最后收拾残局的是爱因斯坦的好友马克思·博恩（Max Born）。博恩指出薛定谔的波动方程并未真正说明粒子问题（如电子或质子的行为）。他提出，这一理论并未说明粒子的位置，仅是指出了粒子位于某个特定位置的概率。更准确地说，该等式的平方只表示一种概率，以此方便地对虚数进行了处理。事实上，粒子本身会随时间而扩散。因此，在任意一处找到粒子的概率具有变性（逐渐变大）。但博恩的修订是有代价的，它需要将概率作为我们描述现实世界的中心环节。博恩对薛定谔的波动方程提供了新的解释，但还是受到了很多人的怀疑——例如，“为什么结果必须用平方计算”，类似这样的问题无人可以回答。

用概率来描述一定程度的不确定性并不新奇。我可以用下面这个例子加以说明：“我们将一只狗放置于公园中并闭上自己的双眼。10 秒钟后，在我们睁眼的瞬间是不能判定狗的具体位置的。但我们可以得出一个结论——狗所在的位置一定在以我们放下它时那个位置为原点，以 20 米为半径的圆的范围之内。此外，它在路灯柱附近的概率应高于它在树上或四周溜达的概率。”从这个例子可以得出，这种在生活中出现的概率并不能准确反映现实情况，只能反映出不确定性。我们可以确定这条狗一定会出现在某一个特定区域，但在未睁开眼睛之前，我们无法确定它的具体位置。

现在，我们将观察的对象从狗变为量子粒子。博恩对薛定谔波动方程所做的新解让我们有可能在任何不同位置找到量子粒子。狗与量子粒子的区别在于——在我们找到狗的位置之前能通过经验确定狗的存在；在我们找到量子粒子的位置之前，我们无法通过经验确定它的存在。在我们进行测量并为量子粒子标出位置之前，量子粒子的位置的存在仅停留在可能性阶段。只有做出准确测量时，量子粒子才能“真正”出现在我们最终发现它的位置。

总结出这样的结论需要极强的想象力（这也许就是 10 岁的中学生为何比成年人更能理解量子理论的原因）。如果你能克服习惯用常识认知解释问题的这一陋习，就能在考虑问题的时候避开一些障碍。这里，我们再回忆下用光子完成的杨氏双缝干涉实验。在传统的光波图中，我们看到波分别穿过两个狭缝相互影响，并在屏幕上产生了干涉图样。但一个光子（或者一个电子）在这个过程中是如何运行的呢？我们试想，这个实验可否精细到一个狭缝中一次只通过一个粒子。这虽然在实际操作中的难度很大且极具抽象性，但我们可以通过实验得出结论——一段时间后，屏幕上依然会呈现出由波之间的互相影响而产生的干涉图样。

时量代子 那颗粒子在哪儿?

量子物理学存在一个危险的引诱，几乎所有的科学传播者都会掉进这个陷阱。我自己也经常犯这样的错误，我在电视上听闻物理学家布莱恩·考克斯也犯了和我类似的错误，他在一次广播节目《超大猴笼》中说道："光子可以同时出现于两个位置"，在考克斯的《量子宇宙》（合著者杰夫·福修）一书中甚至还有题为"分身术：同时出现在两个地方"这一章的内容。

考克斯认为光子可以同时出现在两个不同的位置，所以才能通过两个狭缝相互干涉。这一描述虽然看似具有吸引力，但在事实上却是错误的。这种说法具有误导性，它忽略了在基于概率论的量子世界中真实发生的事情。

更准确的说法是——杨氏双缝干涉实验中的光子在照射到屏幕上并显示出干涉条纹之前并未四处散布。实际情况是，光子在照射到屏幕之前，可能会出现在一系列的位置上，且在不同位置上出现的概率不同。我们可以通过波动方程（的平方）对这些概率进行描述。由于概率波出现的位置包括两个狭缝，所以最终在屏幕上呈现出的结果就是这些概率波之间出现的相互干涉——但波并不是光子本身。如果实验人员将检测器放在其中一个狭缝上，还是让光子通过这个狭缝，当光通过狭缝时对其进行探测，就会发现这时的干涉条纹全消失了。因为我们给光子强行指定了一个位置，这时概率波就没有机会进行干涉了。

正是概率的基本作用惹恼了爱因斯坦，促使他多次致信马克思·博恩，提出这种想法是错误的，如同他一直的主张——"上帝不掷骰子"。爱因斯坦在描述被概率控制的量子效应时这样说道："如果真是那样的话，我宁愿做补鞋匠或者赌馆伙计，也不当物理学家了。"

海森堡就是基于概率的主要作用推断出著名的“测不准原理”的。他指出量子粒子具有双属性——位置和动量（或称为时间和能量），它们都与概率有密切的联系。他提出量子粒子的双属性中，其中某一个属性测定得越准，另一属性就越不准。简言之，如果你知道了某个粒子准确的动量（质量乘以速度），那么你将越难确定这个粒子在宇宙中的准确位置（它可能出现于宇宙中的任何地方）。

时量代子 恐怖的“薛定谔的猫”实验

现在，我们有必要谈谈薛定谔的猫，不仅是因为它让我们对量子理论有了更深入的理解，更是因为讨论量子物理学将无法避开薛定谔的猫。所以，这只猫也需要放进我们本书的讨论中。薛定谔的猫是一个思维实验，它是由薛定谔虚构出来的，是为了证明他的一种感受：当量子理论的概率特性与我们每天观察的“宏观”世界相联系时，会产生多么荒谬的感受。

杨氏双缝干涉实验中，即使单个光子也可以产生之前所描述的干扰图样。但如果检测了光子穿过的是哪一个具体的狭缝，那么，概率就会坍缩为一个实际值，干扰图样也随之消失。量子粒子在被观察到之前通常会处于“叠加”的状态。（叠加的意思是指粒子能以概率的形式同时存在为一系列的状态，而非处于某种唯一的状态。）在薛定谔的猫的实验中，有一个放射性材料的量子粒子被用作开关。在这一粒子发生衰变时，会触发致死性气体的释放。这种气体会将盒子中的猫毒死。因为放射性粒子是一个量子粒子，所以在被观察到之前，它处于叠加态，仅是衰变或者不衰变的概率组合。这就使得这只猫处于一个或生或死的叠加态。

实际上，这只猫也没什么好担心的，至少在叠加态是不需要担心的——它只是存在死亡的概率。根据实验被描述的情况来看，粒子以及受制于粒子状态而生死不明的猫，都被假设为处于一种叠加态之中，直到盒子被打开为止。然而，在杨氏双缝干涉实验中，仅一个检测器的存在就足以让叠加态发生坍缩并生成一个确定的值，从而表明该粒子通过了哪一个狭缝。所以，在这个气体受触发释放进而毒死猫的实验中，如果假定检测器的存在并不会使叠加态发生坍缩，那这样的假定就是不合理的。科幻图书的作者们大多钟情于薛定谔的猫，以致这只猫总被人们反复强调——要是它能给插图画家提供些素材那就更妙了。

这只猫的名气太大，所以它经常在其他量子思维实验中被引用。薛定谔的猫实验原本是探讨极微观的量子世界和我们观察到的周边的现实世界之间的模糊界限的。实验人员一直在努力尝试跨越这一界限，以期在更大的物体上实现叠加态及其他量子效应。直到最近，针对这一问题，科学家们对“更大”的定义仍然没有一个合适的标准，也就是如何去衡量一个物体有多小或者有多大（以及量子效应发生的难易程度）。

然而，2013 年杜伊斯堡大学的史蒂芬·尼姆里克特（Stefan Nimmrichter）和克劳斯·洪恩伯格（Klaus Hornberger）设计了一个数学测量方法。该方法描述了打破薛定谔波动方程中的量子态所需要的最小改变量，从而在数字度量上解释了叠加态的现实性。

这个数学测量方法产生了一个数值，该数值可将任何一个给定的叠加态与单一电子保持叠加态的能力进行比较。比如，迄今为止实现叠加态的最大分子是由 356 个原子所构成。理论界通过计算，认为这一分子会有一个值为 12 的“宏观度”系数，这意味着该大分子以叠加态存在 1 秒，就相当于一个电子持续处于叠加态达到 10^{12} 秒。在理论界进行的合理预测中，我们最大可以将“宏观度”系数确定为 23。为了将宏观度与叠加态联系起来，也为了向薛定谔致敬，理论界对猫的“宏观度”作了计算。

理论界从一个经典物理学家的简化实验开始。假设我们将猫建模为一个 4 公斤重的水球，并假定它同时处于相距 10 厘米的两个位置（叠加态）可持续达到 1 秒的时间。这样，理论界计算出猫的“宏观度”系数大约为 57。这个值等价于我们让一个电子处于叠加态中持续 10^{57} 秒的时间，这大约是宇宙年龄的 10^{39} 倍。为了说明其不可能性，学者们指出 10^{23} 秒就已远超宇宙寿命本身。研究量子的人们总会非常谨慎，他们永不会说“绝对”，即便是不可能的事情也存在极低概率发生的可能。

这些与量子理论相关的奇异性让这个领域显得如此的违反常理……同时也显得如此的魅力十足，特别是当量子效应在我们身边的现实世界中突然出现时。量子理论不仅与实验室相关，也不仅与高科技工程相关，它还对我们周围的世界有着直接的影响。大到太阳（对地球生命至关重要的天体）的运转，小到生物学中最细微之处，量子理论几乎无处不在。

2 量子本质

由于我们通常接受的是传统教育，所以我们惯于将学科作严格的划分。如：我们将物理学定义为关于事物规则的学科，将生物学定义为关于自然界的生物问题解释。（作为一个拥有物理学背景的人，我下面的说法也许较为残忍：化学就是清扫归整一些其他学科不想管的零碎事儿。）然后，这些学科标签与划分都是主观的，都是人类强加的。量子理论绝不会局限在贴有物理标签的盒子中。自然本身就无处不充满着量子过程。

时代量子 从头到尾都是量子

在所有的基础水平上，量子理论都与自然密不可分。我们知道，原子和光都遵循量子理论，而自然界的几乎所有物质的基础组成成分都是原子和光①，因此量子过程必将成为自然界的主宰。量子物理学描述了原子为什么存在且不会坍缩。可以这样说，当你看到某只兔子奔跑着穿过草地时，当你看到一株兰花美丽的构造时，你所观察的都是量子理论的产物。但这只是量子理论的基础层面，它们仅解释了自然的组成部分。量子理论除了用于解释原子的运行原理这种基础知识外，它还适用于一些更高的层次。

---

① 纯化论者会指出，“自然界的所有物质均由原子或光组成”。这种说法是不对的。宇宙中存在着68%左右的暗能量和27%左右的暗物质，剩下的5%的部分才是我们能真正感知的世界。这5%的部分由原子和光构成，而其余的95%的部分在定义上看，是我们不可观测到的。

最生动的例子要数太阳了。太阳离我们很遥远，它似乎只是天空中的一道强光。今天的我们总是低估太阳对地球生命的重要意义，但早期的人类却并非如此。在人类的早期文明中，人们营造了许多正当理由像供奉神一般崇拜太阳。当时的文明与土地联系更为紧密，故而，人们认识到太阳光对于帮助他们农耕意义重大。在没有人造光的时代，人们会感谢太阳光为他们带来了光明。现代社会，几乎每晚我们都会与光接触，包括自己家里的照明灯、街灯、手机发出的光。因此，我们很难体会没有了光的夜晚，世界是多么的黑暗且令人害怕。放胆想象，我们呆坐在漆黑的洞穴里聆听着狼嚎，你会瞬间体悟曾经的人类祖先们为何如此感激白天的太阳。

但在事实上，即便是我们的祖先，也并未完全认识太阳的重要性。没有太阳的存在，地球将成为一个孤独的星球游荡于黑暗的宇宙。没有太阳的存在，我们的地球就不会出现天气（地球在太阳的作用下出现温差，进而出现风和水蒸气并形成云和雨）。没有太阳的存在，地球的气温会降至零下 250℃。没有太阳的存在，地球就不会出现光合作用，更不会出现含氧的大气层。从某种角度上看，这些都是废话，因为没有太阳就不会有地球的存在。缺乏了太阳的引力牵引，那些组成地球的物质则会散落于宇宙之中。所以，我们的存在，得感谢太阳。

量子时代 太阳有多大年龄了？

在那些将东升西落的太阳仅看作天上的光亮的人的眼中，太阳就是篝火（火焰）。毕竟，只有篝火才能发出光芒。但将太阳比作是天上的篝火也存在争议，因为我们知道火的燃烧无法永恒。这个争论在维多利亚时期尤为凸显：即便以《圣经·创世纪》（公元前4004年）出现的年代算起，地球存在的时间也早已远超了传统历法的定义。这要归功于下面的两个因素。其一是地质学，通过观察当前的侵蚀作用的发生方式，地质学家可以判断出我们看到的自然形态已经历了数亿年的侵蚀。其二是进化论，维多利亚时代有关太阳年龄的争论异常激烈，达尔文提出的自然选择引起的进化过程同样需要数亿年时间才能实现。

物理学家们不愿接受这些长时间尺度，他们努力为太阳的运行方式寻找合理的解释。其中最著名的要数威廉·汤姆森（William Thomson），也就是后来的开尔文勋爵（Lord Kelvin）。开尔文曾提出了一种预测：太阳的燃烧过程非常简单，太阳的燃料是煤炭。用我们今天的观点去审视，这无疑是愚蠢的。但在当时，这却是物理学家经过深思熟虑得出的结果，他们推算出太阳只能维持几千年的寿命。即使太阳使用最佳能质比反应的能源（如氢气和氧气），最多也只有2万年的寿命。而就地球所能观察到的合理模型来看，这个时间期限显然太短。这无疑导致了一个荒谬的结论——地球远比太阳存在的时间久远。开尔文还曾设想，太阳是否因与流星碰撞而吸收了来自外部的热量，从而延长了它的寿命。但他通过计算认为，要实现这一效果，需要大约两个像地球那般大的物质平均100年与它撞击一次。如果这个设想为真，那么太阳质量的稳定增长一定会对行星的运行轨道产生巨大影响。事实上，实验物理学家从未观测到行星运行轨道的巨变。对开尔文来说，只剩下了一种可能性。

开尔文提出，太阳是由一团气体云通过引力牵引聚集而成，由其内部的原子受到压缩致使太阳的温度升高。想象一下，如果你反复下压自行车打气筒的活塞——它就会变热。开尔文提出，当原子压缩产生的热量达到了某个定值，太阳就会呈现出我们可以观测到的它的火热状态。然后，它会用尽一生将自己的热量散发出去，其原理与熔炉里加热的铁块类似——当我们将铁块从熔炉内取出，在此后的很长一段时间中铁块会继续发光散热。开尔文进行过详细的推算，他认为按照太阳这样的巨大质量计算，它能持续发光散热至少3 000万年（尽管它会变得越来越微弱）的时间。

在某种程度上看，开尔文的想法是聪明的。直到今天，我们依然认为原子会在重力牵引作用下收缩并不断产生热量和压力，这一物理过程正是太阳这样的恒星形成的原因（但这并非太阳能持续燃烧的真正原因）。然而，这个3 000万年的时间跨度，使开尔文的结论与地质学家及达尔文的结论产生了直接矛盾。（温文尔雅的达尔文害怕引起冲突，他并未公开质疑开尔文的观点，而是从那之后将进化时间从新版《物种起源》中移除。私下里，达尔文称呼开尔文为“讨厌鬼”。）结果似乎陷入了僵局。在那些看似合理的地球形成的理论中，都认为太阳的出现应早于地球。开尔文认为，通过太阳运行方式对其年龄的估算可以得出3 000万年的时间数值。但地球上越来越多的证据表明，地球已存在了数亿年的时间。事实上，现在我们知道，太阳大概形成于45亿年前。

时量代子 聚变的力量

解决这一问题的办法就是找到一种给太阳提供动力的新方法。在高温和高压强的条件下，氢离子能融合而产生重元素氦，这一过程会释放能量。将这一过程按比例放大至太阳的规模，就会得到一个足够产生数十亿年能量的东西。今天的太阳大约处于其百亿年自身寿命的中年。我们知道，核聚变就是典型的量子过程，核聚变为地球、人类和自然界存在量子理论提供了关键证据。但在当时，在解释太阳运转规律的时候，人们并不知道还有量子王牌的存在。事实上，对于产生太阳所需要的能量来说，尽管聚变过程是最为适合的，但太阳自身核心的温度和压力并不足以促使聚变的发生。

产生氦需要4个氢离子（去掉电子的氢原子核）在近距离时聚集在一起。这一过程的发生在事实上更加复杂，首先是氦的同位素氦-3（He-3）的形成。然后，多对氦聚集起来发生反应，产生稳定的氦-4（He-4）并释放一对质子。其结果是4个氢离子在核聚变过程中变成了1个氦离子，并在此过程中释放了能量。这些氢离子和质子都带正电，所以相互排斥。它们离得越近，排斥力就越强，它们只有在强相互作用力起主导作用时才会融合。但强相互作用力在超出极短的距离之外会失去效果，所以，它们必须要彼此靠近到非常小的距离才能发生聚变反应。

下面就是量子物理学的奇异处了。回想一下薛定谔的方程。它告诉我们，随着时间的推移，粒子可能会分布于任何位置。故而，虽然2个质子极可能保持足够远的距离而无法相互融合，但也存在它们的距离彼此相近的小概率事件。而正是在这些小概率事件中，聚变发生了。我们可以换个角度看问题，我们将电磁排斥看成一种壁垒，它使质子互相远离。一些质子会经历一个被称为量子力学隧穿效应的过程，这意味着它们可以不穿过二者间的空间而直接出现在壁垒的另一面。它们跳到了另一边并发生了聚变。

尽管这种隧穿效应发生的概率很小，但太阳里质子的数量确实太多了，每秒钟就会有上百万吨的质子发生聚变。这就是一个量子过程。如果没有隧穿效应，就不会有太阳的核聚变反应。太阳也就不会像现在我们观测到的这样释放能量了。这也意味着，地球没有天气变化，没有氧气，温度会变得极低。如果没有这独特的量子过程，地球也不会有生命的存在。

量子时代 酶——激活者

让我们更实际、更接地气一些吧。我们在自然界中发现了越来越多的量子过程，而它们都发生在我们以前从未预料过的地方。其中一个得到确认的例子是酶作为催化剂而发挥作用，这个例子的确认可以追溯到20世纪70年代。酶是参与有机体包括人体内部发生的化学反应中的有机大分子，通常是蛋白质。比如，酶可以帮助食物消化，酶可以作为催化剂加速体内的化学反应。没有酶的参与，食物的消化速度会大大降低，难以维持生命所需。

催化剂的作用是使化学反应更加容易，降低化学反应所需的活化能。但催化剂并非化学反应的产物，故而，它会被释放出来以供重复使用。举个例子，催化剂可以改变某个化学键的性质，或与某种化合物结合产生一种中间产物，而这种中间产物的性质更为活泼。在某些酶参与的反应中，要么是质子要么是电子发生了隧穿效应，与太阳内部的质子相似。如果没有隧穿效应，只有在质子或电子的活化能足够大时（大到能够将阻止反应发生的壁垒克服时），才能成功发生化学反应。这并非是量子效应产生了新的化学反应，而是酶的作用使得化学反应的速度比预期更快，这种加速通常会将化学反应的过程提速千倍。如果没有量子的推动，很多生物有机体——包括人体——难以维持正常运转。

量子时代 全部都在 DNA 里面

另一个会发生量子隧穿效应的地方，则存在于所有生物体内最重要的、最微小的生物化学过程中：DNA 突变。众所周知，DNA（脱氧核糖核酸）是携带我们遗传信息的分子家族中的一员。它是塑造我们身体的指令集，并将我们的基因传给子代。当一个细胞分裂为二时，有机体就会生长，DNA 双链从中间断开，释放其螺旋梯状结构，生成两条互补的单链。

DNA 螺旋梯级上的每个“梯级”都由两个有机化合物构成，这两个化合物有选择性地来自于一组被称为碱基的分子。它们分别是：胞嘧啶、鸟嘌呤、腺嘌呤、胸腺嘧啶。它们通常这样配对出现：胞嘧啶与鸟嘌呤，以及腺嘌呤与胸腺嘧啶。（我们通用大写字母 C、G、A、T 分别代表胞嘧啶、鸟嘌呤、腺嘌呤和胸腺嘧啶。字母中有曲线的互相配对，而有直线的则配成另一对。）所以，在得到的单链上的碱基中再生成出 DNA 的另一条链是非常容易的。

在“解链”之前，连接 DNA 碱基对的键被称为氢键。这种键与将水分子连接在一起的键是相同的，氢键使得水的沸点极高。氢键具有电场效应，一个分子中相对带正电荷的一部分和另一个分子中相对带负电荷的一部分相互吸引。以水分子为例，氢原子带正电，氢原子中只有一个带负电的电子，它以键的形式与水分子其余的部分紧密相连，而氧原子则带负电。

DNA 中的氢键将两个碱基连接起来。每对碱基中都有一个氢原子核——一个单独的质子——在氢键的一头。这个质子是量子粒子，它具有隧穿效应。在这一情况中，这个质子可以通过隧穿效应跨越到氢键的另一边，变为另一个化合物的一部分。例如，在一对碱基中，腺嘌呤与胸腺嘧啶相连，腺嘌呤这边的一个氢核可以通过氢键隧穿到达胸腺嘧啶，

量子本质

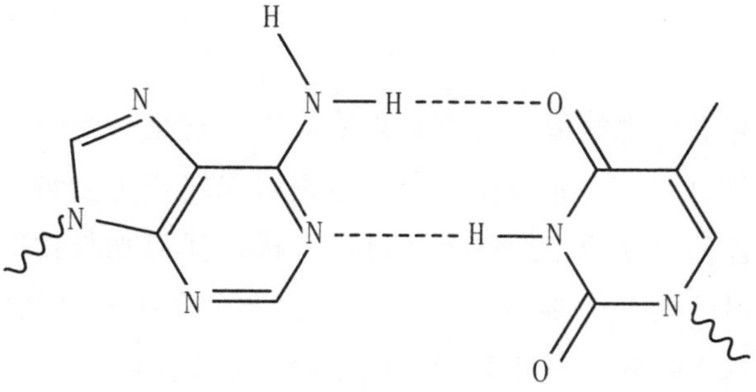

腺嘌呤 胸腺嘧啶

图 2 腺嘌呤－胸腺嘧啶碱基对演示氢键（线图）

而胸腺嘧啶这边的氢核可以通过第二个氢键隧穿到达腺嘌呤。两个碱基的分子式并未发生变化，但结构却发生了变化。这就意味着当 DNA 解螺旋（解链）时，腺嘌呤的变种在形状上发生了很大的改变，因而能够与胞嘧啶连接，胞嘧啶完成了对胸腺嘧啶的替代。这样，新的 DNA 拷贝就会出现突变。在有机体中，突变能引起它所控制的那部分发育发生改变。

虽然量子效应对 DNA 突变的作用尚未得到实验证实，但理论界已将其作为此类突变背后的机制。如果在未来，它得到了实验证实，那就意味着某个特别的量子过程可以直接引起活细胞发生变化。我们最初并未期待量子效应会到达这么高的水平。因为温暖潮湿的生物环境是“混乱”的，与精心控制的环境条件完全相反。精心控制的环境条件对于观察无退相干量子效应是必需的，通过无退相干过程，量子粒子可以与周围的其他粒子以一种“经典的”方式发生相互作用。这一作用过程更类似于我们所熟悉的物体间所发生的事件，而不会类似于量子的那种奇怪的不规则的作用方式。

量子时代 植物光

光合作用是高层次的量子效应的典型应用，它是一个引人注目的且极为重要的生物过程。在光合作用中，植物将光转化为能量。正如我们看到的，如同任何包含原子或电子的物质一样，任何光与物质的相互作用都必然基于量子力学。最近，科学界有关光合作用的最新研究表明，量子物理学在这个过程中可能起到了更多的功能性作用。

即便不包含不可思议的量子力学，光合作用也仍是一种神奇的自然技术。植物暴露在光中会发生不平常的事情，其最早的线索是由约瑟夫·普利斯特列（Joseph Priestley）偶然发现的。18 世纪 70 年代中期，这个经常招惹麻烦且我行我素的牧师受到谢尔伯恩（Shelburne）伯爵的邀请在他的豪宅柏吾德宫当上了图书管理员。为了报答普利斯特列经常陪他聊天，谢尔伯恩伯爵资助普利斯特列做关于空气的性质和成分的研究。谢尔伯恩伯爵将他的图书室旁边的一个小房间提供给了他的管理员普利斯特列。在这里，普利斯特列可以进行自己的实验，而伯爵也可将其作为一种娱乐方式向来访的客人炫耀。

尽管普利斯特列自己并未认识到氧气的存在，但他还是被公认为发现氧气的第一人。他是燃素学说（The Phlogiston Theory）的支持者。燃素学说认为物质在燃烧时会释放出一种叫燃素的物质。空气中容纳有部分燃素。例如，将一支蜡烛放入一个钟形玻璃罩内，烛火燃烧一段时间后会熄灭，这是因为空气已被完全“燃素”化了。事实上，这是由于空气中的氧气被消耗了——燃素是一类抗氧化剂。普利斯特列发现，钟罩内的老鼠同样可以使空气“燃素”化，被放入钟罩内的老鼠会在不久后窒息昏倒。如果我们在钟罩内放置一株绿植与老鼠相伴，似乎可使“受伤的空气”恢复原样，从而让动物存活下去。

在物质燃烧时或动物呼吸时，空气中的某些物质是受限的或有限的，而植物会在一定程度上将其恢复。这就是普利斯特列当时通过实验意识到的结果。直到 18 世纪末，法国牧师塞尼比尔（Senebier）和瑞士科学家西奥多·德·索绪尔（Theodore de Saussure）才发现“受伤的空气”是二氧化碳。二氧化碳是由燃烧或呼吸所产生。在光的作用下，植物会将这种气体转化为氧气，并生成碳基分子。我们现在知道，来自太阳的光产生的光合作用哺育着地球。绿植尤其是藻类是这些光合作用的直接作用对象，它们通过光合作用消耗掉一半以上的太阳能，同时间接地将能量提供给了复杂食物链中的食草动物（或者食用食草动物的其他动物）。

光合作用中的物理和化学过程是非常复杂的，它是一个完整的链式反应。首先，光使特殊颜色分子（如植物中的叶绿素）中的电子能级得到提升。这种能量通过光合作用中心被转化为化学态能量，在此过程中，植物生成氧并吸入碳。在光合作用的这些错综复杂的步骤中，其中有一步是人类迄今所探知到的最快的化学反应，它的化学反应速度达到了万亿分之一秒。

从叶绿素中第一个电子激活开始直到它到达光合作用中心将二氧化碳转换为糖，并释放一些氧气作为交换的能量，在量子层面发生了许多有趣且重要的事情。量子粒子的行为表现为波的形式，使其能量可从一个分子传递到另一个分子。第一个被激活的电子产生的能量波延伸到下一个分子中，并将这种激发效应逐一传递下去。此外，这些波也并非像酒鬼走路那般毫无规律，而是彼此重叠最终达到一种相干状态——所有波的波动状态相一致，类似于产生激光的一种状态。

虽然这一相干行为被提出已有一段时间了，且也有一些较弱的证据表明，在较大的植物样本中确有相干行为的存在。但直到 2013 年，西班牙和英国格拉斯哥的研究人员才在分子水平上证实了这个问题。他们采用单一光子的激光，观察将光子转为化学能量的反应中心内所进行的一些工作中的细微之处。捕光的紫色细菌实验也显示出，量子粒子能探寻所有可发生能量转化的路径的实现概率，并从中找到最佳的一条路径。这意味着，尽管各路径上的分子联系会因为生物体的活动而发生变化，但量子粒子会随着这种变化不断地调整转化过程。它的转化效率可达到 90% 左右，远高于我们认知的太阳能电池（这极可能对未来光伏电池的发展产生影响）。

量子时代 鸽子的指南针

一个不太让人信服但却很吸引人的可能性是：在自然界的某个奇迹背后也潜藏着量子效应——比如信鸽这样的鸟类可以导航，是因为它使用了与生俱来的指南针检测到了地球磁场。也有人认为，信鸽这种不可思议的神奇能力与其喙中的磁粒子有关。还有人认为，这一过程是由光线投射到鸟类眼睛的视网膜而引发的。（事实上，也许信鸽同时集合了以上三种机制。）

当光线投射到鸟儿眼睛的感受器上，会使某一个分子分裂开形成两个自由基。这些分子高度活跃，且具有不成对的电子（这是受抗氧化剂控制的自由基，不会对细胞造成损伤）。这些电子可以用作微型磁罗盘，它们具有自旋的量子特性，并受到磁场的影响。通常，靠近原子核较近的自由基相较于靠近原子核较远的自由基对磁场的感应较小。正是这两个自由基对磁场感应的差异，使这两个自由基基团具有不同水平的反应活性。两个自由基基团的相互作用也许会使鸟儿的视网膜产生某种化学物的合成过程，从而让鸟儿得到信息反馈。两个不成对电子是以纠缠态生成的，并以量子的方式彼此联系在一起，这样可以帮助鸟儿增益方向感知。

量子时代 我思，故我是量子

在量子理论和生物学中最为极端也最具争议的交叉部分是有关意识本身就是一个量子现象的说法。尽管尚无直接证据给这一说法提供证明，但一些人指出，我们无法用传统的经典物理学来解释意识，只能用量子效应（如量子纠缠）的现象让其变为可能。物理学家罗杰·彭罗斯（Roger Penrose）和医师斯图尔特·哈默洛夫（Stuart Hameroff）提出了一个名字稍显拗口的建议，他们称其为“调谐客观还原理论”。

彭罗斯指出，传统认知无法解释大脑的计算方式，量子理论的核心概率特性可以对大脑这一特别的能力作出解释。作为一名麻醉师，哈默洛夫认为，我们可以将支撑脑内神经元的细胞中的支架结构，尤其是微管（构成细胞支架一部分的薄层聚合物）看作一个量子体系，电子可以在微管之间穿梭。

尽管以上观点均未得到实证，但意识具有量子效应这一说法也并未使概率原理的适用性扩展到特别大的范围。我们不能理解意识是什么，也不能理解意识背后的机制，更不能理解意识对量子效应的依赖程度。然而，我们可以做的是，充分利用量子理论背后的数学原理以更好地使人们对自己的行为进行理解。

时量代子 量子投票

瑞典林奈大学的安德烈·赫伦尼可夫（Andrei Khrennikov）和莱斯特大学的伊曼纽尔·黑文（Emmanuel Haven）将描述量子消相干性的数学原理应用到了美国的政治体制中。具体地说，他们将其应用在研究总统和国会两次选举中到底会选择共和党还是民主党。他们认为，可将选民的心理看作“支持民主”或“支持共和”两种状态的叠加，这两种状态都具有一定的可能性。他们把这两种选择看成是纠缠在一起的量子比特（量子计算机的处理单元），从而对选民的思想动态进行演算。

虽然他们的研究尚处于初级阶段，但已有不少证据证明，在深入探索人类思考和决策方式上，他们采用的工具是有价值的。不过，尽管他们所使用的方法已被证明卓有成效，但仍不能证明决策本身就是基于量子物理学的。更加可能的情况是，在政治局势和量子粒子的相关问题上，数学作为一个模型，可以发挥很好的作用。因为，无论是政治局势还是量子粒子状态，均涉及多种属性概率。在测量时，这一属性还必须“坍缩”为单一的固定值。就政治局势而言，这一测量的过程就是选举。虽然目前掌握的证据尚不能说明思维决策是基于量子物理学的，但量子物理学的力量仍然是让我们深入了解生物学过程的一种有力方式。

作为一个科学领域，生物学就是一个上佳的例子。它诠释了自简单的观察逐步成长并成为一门真正科学的过程。这一过程涉及了生物结构内所有细节知识的积累。这些知识非常细致，甚至将量子效应也囊括其中。还有一个科学领域与量子纯粹相关，也是始于简单的观察——电之领域。现在，我们可以唱唱“body electric”这首歌。（译者注：美国女歌手演唱的歌曲，意为性感躯体）。

3 电子王国

在闪烁着油灯光芒的伦敦皇家学会演讲厅里，正上演着一出奇怪的表演。演出像是秘密团体组织的一场奇异放荡的仪式。一个男孩被一条丝带吊挂在天花板上，他伸出手去触摸一个站在顶部涂满焦油的桶上的女孩。女孩也伸出了手，之后，桌上的一串羽毛如魔法般被她吸引而去，飘向了她的手指。

时量代子 哲学家的琥珀

聚集而起的观众正在见证一个18世纪颇为流行的科学演示“带电男孩”。男孩用脚从一个手摇静电发生装置中引来电荷。什么是电？在当时，无人可以给出确定的答案。但可以确定的是，电可以直接通过男孩的身体传递给女孩，并让女孩有能力使羽毛飘浮起来。一般来说，静电通常是用合适的布料（如羊毛布料）摩擦玻璃质地的转盘或者转球而产生。但在很久之前，我们是用琥珀来制造这种效应的。“电”这个词就是来源于希腊语的“琥珀”（译者注：λεκτρον 发音为 electron）。

一直以来，人们对这一现象的解释非常模糊。一些人认为，男孩的这一动作产生了某种可以通过身体传输但不可见的液体。他们认为，电是一种像水一样的东西。这听起来似乎是愚蠢的，因为我们将烤箱的插头拔掉并不会看见插座中流出液体。但我们还是欣然接受了用液体这个词语来描述电——比如，我们经常将电描述为电流，这与河里的水流较为类似。

与其他科学认识的发展一样，科学界在对电及其表兄弟磁的认知与描述的路途中，许多人都作出了重要贡献。这里，我们不从安培（Ampère）和奥斯特（Oersted）逐一展开，而是挑出几座最重要的里程碑。有三个科学家让我们从18世纪的奇怪科学演示的困惑中走出并步入了20世纪。他们让我们意识到，电是一种量子现象。他们中的首位是迈克尔·法拉第（Michael Faraday）。

量子时代 阿尔比马尔街的奇才

法拉第在许多方面都取得了杰出成就。按我们当下的标准，通常希望物理学家都接受过大学教育且具备极强的数学基础。法拉第却完全不具备这些条件。在他生活的那个年代，成为科学家通常意味着业余爱好十分广泛。法拉第几乎是白手起家。他的父亲是一名铁匠，为了找工作，他们从威斯特摩兰郡搬到了伦敦。1805年，14岁的迈克尔·法拉第幸运地成为了一家装订社的学徒。他学习经商，这样，他有了一份体面的收入。同时，他还有幸参加了一个提高自我修养的社团——“伦敦自然科学研究会”，这也成为了他人生的重要转折。

每次参加研究会，法拉第都会认真地作好笔记。老板准许他将笔记整理起来并编成了一本皮套书卷，这本书给他的老板留下了深刻印象。老板将这本书拿给一个热衷去皇家科学研究所拜访的有钱的客户看了一下，从此，这本书塑造了阿尔比马尔街的全新面貌。阿尔比马尔街与时髦的皮卡迪利街相邻，无数的科学讲座曾在这两条街举办。这些科学讲座鼓励人们认识科学，同时也促进了科学的发展。那位客户丹斯先生给了法拉第参加科研所最有名望的演讲家汉弗莱·戴维（Humphry Davy）的演讲入场券，戴维是维多利亚时期的科学名家。这一切，深深地激励着法拉第。在戴维先生因一次事故而暂时失明期间，法拉第在丹斯先生的举荐下得以担任戴维的代理秘书职务。在这之后，法拉第又回到了装订社工作。不久，戴维的实验室助理和总负责人因酗酒而遭到解雇，法拉第接替了他的职位。

时量代子 沃拉斯顿的荒唐事

法拉第很快适应了皇家科学研究所的生活。尽管他并未接受过系统教育，但依然取得了较大的进展。1821 年，他的职务得到晋升，他结婚并搬到了之前戴维的房间办公。一切似乎都很顺利，但他在电磁领域的第一个重大发现几乎毁掉了他那宛如神话般的成功。戴维要求法拉第写一篇关于电和磁的现有知识的文章。但法拉第喜欢亲自动手，他并未简单地描述戴维做过的实验结果，而是将实验重做了一次。一次，他将一块磁铁旁的导线接通了电流，结果导线开始绕磁铁做圆周运动。在法拉第自己的总结文献中，出现过这样的描述——这是此前从未发生过的现象。

可以理解，当时的法拉第非常兴奋，他急着要将自己的实验结果发表出来。可现实是残酷的，他最终被谴责盗窃了研究所一位知名的前辈威廉姆·沃拉斯顿（William Wollaston）的发现。沃拉斯顿提出了一个电流在电线内成螺旋状运动的理论。他曾找过戴维，让其帮忙寻找证据，但一直没有结果。现在，法拉第称自己发现了电流作圆周运动的规律。很明显，沃拉斯顿认为法拉第剽窃了他的主意（尽管没有事实依据）。

卷入剽窃一事可吓坏了法拉第，因为他对宗教的信仰极其虔诚。于是，他向他的老师汉弗莱·戴维发出了求助，因为他可以肯定自己的实验结果与沃拉斯顿的理论毫无相似处。但戴维站在了和他社会地位相当的好友沃拉斯顿的一边，并未选择支持还处于工人阶级的法拉第。与科学事实相比，社会地位的差距还是占据了上风。这也提前终结了师徒两人的友谊。在这之后，法拉第入选皇家学会会员时，只有戴维一人持反对意见。事实上，当时的科学界已清晰地认同法拉第的新发现。他不仅做了和沃拉斯顿的理论毫无关联的原创性实验，还提出了电动机的基本原理。

尽管外界对他持支持态度，但由于不悦的经历，法拉第曾中断自己的电磁研究长达10年。他将精力放在了化学上，还从事了一些管理工作。这让他可以在每周五的9点开设科普讲座（类似现在的科普舞台剧，因为到会的观众需着正装出席）以及为孩子们准备圣诞节讲座。这些科普讲座后来在电视上播放，激励了许多20世纪的年轻英国科学家。法拉第对电磁的研究并未结束，1831年，法拉第再次对电磁领域产生了浓厚兴趣。因为他听说了一个实验：一根电线中的电流可以神奇地使另一根电线感生出电流，尽管两根电线之间有一段不小的距离。

时量代子 新的一代

法拉第布置了两根电线圈，并让其中一根产生了电流，他希望看到另一根也能产生持续的电流。但当他连接并切断第一根电线圈的开关时，另一根电线圈只产生了短暂的电涌。他知道，电线圈也可以像磁铁一样在间隔一定距离的情况下产生磁性。基于这点，他提出了一个大胆的推断：第二根电线产生电流是因为磁场水平的不断变化。很快他就通过线圈移动发明了发电机。

正是在这段时间，发生了今天我们耳熟能详的法拉第与首相罗伯特·皮尔（Robert Peel）的那段经人杜撰的对话。当首相问法拉第“你的发明有何用处”时，法拉第回答，“我不知道，但我敢打赌，有一天，政府一定会对这项发明征税。”

法拉第还有另外一个重要的贡献，我们在后面的章节还会提到。一个传统的物理学家——以及任何现代物理学家——会通过数学作为介质解释物理现象。但法拉第并非数学家，他也许是科学史上最后一位不借助数学原理而作出重大发现的物理学家。在一张纸的下面放一块磁铁，并把铁屑撒到纸上，法拉第观察到铁屑呈线条状被连接到磁铁的两极。在昏暗的煤气灯光照射的实验室里，法拉第思考着那些在磁铁周围散发出如光线一般的线条。

当法拉第移动一根电线使其靠近磁铁，或者推动磁铁通过一个线圈时，这些自磁铁散发出的线条（被法拉第命名为磁力线）就好像被电线切断了一样。这些磁力线排列得越紧密，电线就将其切断得越多，从而产生出更大的电流。这个模型使电磁铁的打开或关闭得以实现。当开关打开时，磁力线从磁铁上延展开来，并与导线相交；当开关关闭时，磁力线塌散，一切恢复原状。

将电磁相互作用定义为力学的一个领域，对物理学的发展具有重要意义。这不仅利于我们理解电磁学，更利于我们理解量子理论。但对于电和磁的本质，还有许多值得我们去探索的东西。在这之后，将法拉第那优雅且毫无数学概念的想法转化为第一个现代科学观点的人是詹姆斯·克拉克·麦克斯韦（James Clerk Maxwell）。

时量代子 一位苏格兰学者

1831 年，麦克斯韦出生于爱丁堡。他是法拉第之后的下一代科学家，其人生背景也完全不同。少部分人认为，麦克斯韦应被称为第一位科学家。其中的部分原因是“科学家”一词于 1834 年才被创造出来，科学家与科学的关系就如同艺术家与艺术的关系。在那之前，大家通常使用“自然哲学家”、“博学之士”这样的蹩脚称呼。虽然证据不足，但可以肯定的是，麦克斯韦的确可以被称为第一位现代科学家。因为，他破天荒地提出了由数学为导向的科学理论，这与法拉第的方法完全不同。

法拉第早年总为生计而奔波，但麦克斯韦的童年无忧无虑。他可以在盖勒韦地区米德尔比的一栋叫格兰奈尔的乡下住宅里进行科学探索和实验。他曾在这里做过晶体实验和热气球实验。但这种田园生活随着他母亲的离世而宣告结束。早些时候，家里给 8 岁的麦克斯韦请过家庭教师，但没过多久，他就被送去了爱丁堡中学。和他无忧无虑的童年生活相比，被送去这种地方就如同下了地狱。

麦克斯韦比同龄人显小，他说话口吃还带有乡下口音，相较于运动，他更喜欢看书和做实验。有些孩子在寄宿学校发育得很快，但麦克斯韦却显得“笨头笨脑”，故而时常遭到同学欺负。他一直忍受着同学们对他的欺辱，直到16岁那年才得到解脱，他顺利地进入了爱丁堡大学。19岁，他进入了剑桥大学接受深造。爱丁堡大学的詹姆士·福布斯（James Forbes）教授在麦克斯韦攻读剑桥大学三一学院学位的推荐信上对他的描述就非常矛盾："他的行为举止是笨拙的，但他的确是我见过的最有想法的年轻人。"

1854年毕业后，麦克斯韦希望跟随他的个人偶像迈克尔·法拉第的步伐。他在多个学科领域都有建树，比如，他创作了第一张彩色照片。但让人们对他留下永恒记忆的是——他用数学方法总结出了法拉第发现的电磁之间的关系。如果你向物理学家们提问，哪个优美的方程可以捕捉到世界的秘密？大多数人都会异口同声地回答："麦克斯韦方程组。"麦克斯韦方程组最初包含8个方程，后被奥利弗·亥维赛（Oliver Heavyside）和海因里希·赫兹（Heinrich Hertz）将其精简为了4个。这4个短方程最能帮助我们理解宇宙。

量子时代 汤姆森发现的微粒

最后，我们要提及的第三位科学家是曼彻斯特的约瑟夫·约翰·汤姆森（J. J. Thomson）。在晚年，汤姆森和尼尔斯·玻尔的关系相处得很不融洽。汤姆森14岁时就在欧文斯学院学习，6年后转入剑桥大学，此后他便从未离开过剑桥。汤姆森最大的兴趣是对原子结构的研究（这也许是他与玻尔关系不好的原因）。汤姆森在电和磁方面的研究也非常深入，1897年，他研究的阴极射线给了他一次成名的机会（获得了诺贝尔物理学奖）。

阴极射线是由迈克尔·法拉第于19世纪30年代发现的。他给充满稀薄空气的玻璃管中输送电流，他发现在阴极和阳极之间有一道奇怪的光弧。此后，英国科学家威廉·克鲁克斯（William Crookes）发现，只有将大部分空气从管内抽出后才能研究其性质，故人们也称其为克鲁克斯管。似乎有什么东西沿着克鲁克斯管从阴极传向阳极，而它们在阳极的形状通常类似一个马耳他十字。我们不清楚管子中移动的是什么，但它的移动速度非常快，有时会越过阳极直接撞向管子末端的玻璃，并散发出一种独特的绿光。

因为它们是由带负电荷的阴极发出的，所以被称为“阴极射线”。而它到底是什么，也成为了当时不少学者争论的主题。克鲁克斯自己形成的理论认为，它们是管中残余空气里的带电原子。而其他人，包括海因里希·赫兹认为，它们只是一种新型的电磁波——光的一种变体。事实上，汤姆森证明了他们的看法都是错误的。因为他成功地在这些看不见的射线中测量出了载体粒子的质量，他发现其质量为非零（尽管其质量仅占原子质量中的极小一部分）。故而得出结论，这些阴极射线并不是光。更重要的是，就电荷与质量论，它们与其他类似的荷电体完全一致，比如光电效应中的荷电体。

汤姆森总结道，“负电的载体是实体，我将它们称为微粒。这些微粒的质量比原子中任何已知的元素都要小。在性质上，与任一来源所产生的负电相同。”汤姆森提出的微粒，就是后来人们称呼的电子。电子是数年后由乔治·斯通尼（George Stoney）命名的。但人们很快意识到，汤姆森所发现的东西不仅存在于阴极射线中，它还是所有常规电路的电流组分。电子流过金属线，就和它们通过真空管一样。

但这一发现令人尴尬的是，当时的人们认为电路图中电流是由正极向负极流动。这一流向倒置问题在当时还难有有效的方式对其纠正。基于我们对电的实践经验，很多人会认为，电子会以极高的速度穿过电线（可与光速相比）。毕竟，按下电源开关时，电流可以瞬间从一端传输到另一端，而无需像水流通过管道那样等待很长时间。电的传导比给电子涌流提供通道的电线要复杂得多。

时量代子　导体的世界

我们最熟悉的电传导是通过金属完成的。金属的结构是排成格子状的原子阵列，金属原子的外层电子相对自由，能与其环绕的原子分离并在格子中漂浮。通常，它们的运动是随机的，在热能作用下与其他物质发生碰撞，而在此之前则会一直处于漂浮状态。如果我们将电场施加于金属上，使其一端带正电而另一端带负电，电子就会从负极向正极漂移。这一过程中，电子的运动从容得令人瞠目——通常，电子的移动速度为每秒1米。如此，电子的移动速度与人类的步行速度差异不大。

套用以上理论，我们打开电流开关时，电子穿过一条较长的电线可能需要消耗较长的时间。即，电线内部在初始状态下什么也没有，通电后，电线里才慢慢开始充满电子。但实际情况是，电线内部本来就充满了电子。当电路形成时，电场会被电磁波带动着，以光速在介质中沿电路移动。这意味着，电线中的所有电子同步地在电线中运动，因此，我们无需等它们从一端移动到另一端。

电子是一个典型的量子粒子，所以任何涉及电的东西在本质上都拥有量子过程。我们研究金属的导电性时，同时也能看到原子的量子结构在所谓的能带结构中所起的作用。以铜原子为例，我们将玻尔关于氢原子的研究作外推，会得出结论："电子能占据一系列能级固定的'轨道'，但电子无法处于轨道之间。随着越来越多的原子聚集在一起，它们形成了固体金属的复杂结构，许多有趣的事情开始发生。"

尽管在属于单个原子的电子轨道内，内层电子与它们自己的原子关联在一起，但外层电子仍可以在共享轨道上运行，而不需要穿过金属内的原子。随着越来越多的原子的加入，电子可运行的轨道就越来越多。这些轨道挤在一起越来越近，直到它们之间的差距小到可以忽略。这时，它们形成了一个能带，电子能在金属内的这个连续范围内（能带）自由移动。这些自由的电子携带电量，同时也携带热量——这就解释了为什么金属既是电的导体也是热的导体。

量子时代 从电到电子技术

第一台电子设备只是在电子的基本运行层面上对其进行了应用。例如，电阻器通常是由导电材料和绝缘材料混合制成，电阻器能减少通过电路的电子流并增加电子流动的阻力。电子技术还有另一个具有重要意义的层面，即基于控制电子流动方向以及利用另一个电路开启当前电路的两种能力（用以控制、开启或关闭电流的流动，使我们能生产出计算机所需的逻辑电路）。在电子技术发展的初期，这些工作都是由热阴极电子管（在美国被称为真空管）来实现，这种设备与克鲁克斯管非常相似，但功能更加丰富且体积更小。

要阐明一个电路对另一个电路的控制，即处于计算机核心地位的重要转换装置，最好的例子存在于热离子三极管。现在我们用新玩意儿替代了传统的克鲁克斯管。我们取用一个被大致抽为真空的玻璃管，将两块导体（一个阴极和一个阳极）分别插入管壁，这样电子可以从阴极流向阳极。阴极通常会在电子管内被加热，这样，设备的辉光和它散发的热量就给予了电子额外的能量，使其自由流动更加容易。切换能力来自另一个以网格形式处在电子流动路径上的电极——如果我们给这个网格通负电荷，它就会排斥电子并阻止它们通过，关闭通过管道中的电流。

除了作为一个简单的开/关转换，三极管还可以被当作放大器使用，网格中很小的变化能被放大为主电流中更大的变化。例如，网格中有交流电以及应用于其中的复杂波形，主电流则能复制该波形且使振幅更大。这一原理使收音机和音乐播放器能增强从无线电波或从录音中接收到的相对较弱的信号，后者通常是由唱片上的一根针推动晶体扭曲而产生的，我们将这一过程称为压电。

电子管的作用很强，且在一些时候也会被人们使用。一些人认为，在音频的复制过程中，电子管产生的声音特别温暖且具有吸引力（尽管盲测表明，这是一种音频安慰剂效应，即爱好者们听到了他们想听的声音）。在实际应用中，基于电子管的设备也存在一些问题：首先，玻璃管非常脆弱、容易损坏且难以安全携带；其次，它们体积相对较大，最小的也有拇指般大小（欲让主电流通过，可能需要整个手掌般大小的玻璃管）；再次，玻璃管需要加热器，这意味着它们会像灯泡一样消耗能量并最终烧坏（使用中需要不断更换）。

使用电子进行计算

利用电子管构建像计算机那样复杂的设备是一项规模巨大的工程。第一个可编程电子计算机“巨人”在第二次世界大战期间效力于布莱奇利公园，人们用它解码德语信息。最初的巨人版本计算机拥有 1 500 个电子管，之后的马克二代计算机拥有 2 400 个电子管。美国在巨人计算机的基础上设计出了通用的电子数字积分计算机（ENIAC）。在这个计算机中，电子管的数目达到了 17 000 个。建造这些巨型机器并实现其强大计算能力背后所需付出的代价极大，这也解释了为什么 IBM 的总裁托马斯·沃森会说“世界可能只需要 5 台计算机”。

ENIAC 重 27 吨、长 30 米，每小时需要消耗 150 千瓦的电力。在计算机的运行过程中，绝大多数的电力转化为了热量。这一巨大的装置不断产生热量，人们不得不在其周围放置大量的冷却设备（这意味着计算机房需要高效的空调系统）。由于电子管不可避免地会出现一些常见的故障，经测试，ENIAC 无故障运行最多能坚持 5 天。通常情况下，它每 2 天就会出现 1 次故障。今天，也许我们还在对现代计算机提出抱怨，但和以前的 ENIAC 相比，我们应该感到幸福。

尽管相当多的基于电子管的计算机在当时已应用于军队和大学，甚至应用于商业领域，但这些计算机在人们日常生活所使用的各类电子产品中所占的份额并不高。不久后，几乎每个家庭都安装了“无线电”（使用电子管的无线电收音机），但它们都需要一个预加热设备。在第一台 ENIAC 投入使用不到 10 年的时间（即 1954 年），美国国内的电子和计算机行业已开始用晶体管代替电子管成为了主导。

我们再梳理一下晶体管的工作原理。晶体管和电子管较为类似，它们都是用一个电路控制另一个电路。但晶体管所用的是结实的大块的材料且不需要加热器（不需要热身），不需要精致的玻璃外壳，也不用维持管内为真空状态。同时，晶体管比电子管更小，许多晶体管甚至比指甲还小。第一个晶体管是由约翰·巴丁（John Bardeen）、威廉·肖克利

（William Shockley）和沃尔特·布拉顿（Walter Brattain）三人共同研发的。他们三人因此而获得了诺贝尔物理学奖。

第一台使用晶体管的计算机于 1953 年问世于曼切斯特大学。相较于今天每年 10^{19} 个晶体管的出产量，当初的这台计算机仅用了 92 个晶体管。虽然它使用的晶体管数量不多，但它却是电子行业转型的标志。它将生产从昂贵的手工制造变为廉价的工业化规模生产。

时量代子 集成规则

现代电子产品技术升级的最后一步是集成电路。早期的收音机、计算机和其他电子设备均是以非电子管元器件为基础的，包括晶体管、电阻和电容，它们会被焊接到印刷电路板上。这些电路板只是一张张塑料薄片，组件之间的接线被塑料表面金属薄膜中的电线所取代。电路的形状被蚀刻到金属板上。具体制作方法是：首先将电路板包裹上完整的金属薄膜，并按电路的形状涂上抗化学腐蚀的物质；然后将电路板浸泡在酸中，酸会腐蚀掉未受保护的金属。

到了 20 世纪 60 年代，消费电子产品和计算机（当时主要应用于工业）仍然依赖这些有着大量独立组件的电路板。这意味着像收音机这类简单设备相较电子管时代更小了，它们可以随手携带或安装在汽车的仪表板上。而计算机这样的大型设备仍需要成千上万的晶体管，需要数以百计的电路板。所以，计算机必须用房间般大小的柜子才能放置，且还需配备较好的冷却系统。20 世纪 60 年代的主流计算机在个头上明显小于 ENIAC，且性能上更优异，但绝不是迷你型或适用于家庭型的计算机。

要制造我们如今熟悉的电子设备，如将计算机设计为桌面上的盒子般大小，或设计为平板计算机，或设计为智能手机（智能手机实为一台强大的迷你计算机，且具有打电话及蓝牙所需的无线电发射器），就必须引入集成电路技术。20 世纪 50 年代后期，集成电路设计成功，20 世纪 60 年代中期，这项技术开始大量应用于人们的实际生活。集成电路将电子电路的所有元素——晶体管、电阻器——都浓缩在单个硅质芯片的表面。

时量代子 无可救药的导体

晶体管乃至后期的集成电路均为“物质可塑性被发现后”的产物，但如若不是这些产物的发明，物质的这一性质也许会遭到泯灭。通常情况下的材料，要么是像金属一样的导体以利于电流的传导；要么是像陶瓷一样的绝缘体可以阻止电流的传导。这两类材料对电路都非常重要。现在，人们还发现了第三类材料，我们将其称为半导体。半导体允许有限的电流传导，且其传导性通常还会受到电流二次输入的影响。正是因为这一特性，大量晶体管电子产品才得以出现。

半导体的运行是一个纯粹的量子效应。如果不能掌握量子理论的基础知识，就难以从本质上对它进行理解。电子管是一种简单的量子设备，即使不知道原理也能制造并控制操作，我们使用一个如同控制水流一样简单的模型就可以了。但随着晶体管概念的引入，我们看到了一项需要理解量子物理学才能进行设计的新兴技术。电子装置本是杂交后的产物，它蕴含着量子过程，但却被人们以传统的（错误的）方式理解。因此，人们对电子产品原理的理解不仅失去了经典的传承，还变得非常怪异。

现在，我们回忆一下能带知识。绝缘体在价带（电子与原子被束缚在一起）和导带（电子可自由移动）之间有很大的间隙（一般我们称其为“带隙”），这意味着电子在绝缘体中难以自由移动。半导体内的带隙相比绝缘体较小，在缺乏外力的帮助下它们依然会呈现绝缘体的属性。一些较特殊的半导体，欲使其开启传导功能需为其提供光能。例如在光照条件下，硒的传导效果会得到加强。但对于晶体管和集成电路内使用的半导体来说，提升其导电性能通常需要掺杂过程，即给半导体加入杂质使其纯净度降低。

当电流在半导体内能级更高的导带内流动时，价带中的一些电子会跃迁到导带。由于电子行为方式较复杂，那些在价带上层的电子会出现反常表现并逆流移动。它们会携带着电子间的空隙（空穴），与导带内电子的流动方向进行反向运动。这些空穴也被称为电洞，它们本身也是一种粒子。最终的结果是，导带内的电子沿着一个方向移动，而电洞在最外层的价带内沿相反的方向移动。掺杂剂对这一过程起了巨大的辅助作用，因为它们提供了一个额外的能级，且比常规带隙更小。

掺入杂质大大增加了可用的自由电子的数量。目前主要存在两种类型的掺杂剂：n 型掺杂剂（阴极）和 p 型掺杂剂（阳极）。与半导体本身的材料作比较，n 型掺杂剂的原子会多出一个额外的电子，而 p 型掺杂剂的原子则会少一个电子。这看上去似乎使得半导体更像绝缘体。丢失的电子提供了一个电洞，这个电洞像一个能四处移动的带正电的粒子一样有效运转（实际上，电子也在跟随电洞一并移动。有时，在数学上也许更容易理解。一个移动电洞相当于许多移动电子）。例如现代电子产品中常用的半导体硅，掺杂磷可形成一个 n 型半导体，掺杂硼可形成一个 p 型半导体。

时量代子 从半导体到电路

简单的传统晶体管通常由三段半导体组成，形成一个类似三明治的结构，每段半导体对应着三极管中的一个电极。这些材料要么以“npn”形式排列，要么以“pnp”形式排列。通过向半导体的中心与某一侧施加电压，就会排列出额外的导带，这意味着施加在晶体管上的较小电压就如同阀门一样，控制着电子从三明治结构的一侧流动向另一侧。

在集成电路里，有一个排布方式非常复杂的晶体管，我们将其称为“金氧半场效应晶体管”（MOSFET，全称“金属氧化物半导体场效应晶体管”）。它是一种常见的晶体管替代方式，人们通过在硅晶片上生长出一层二氧化硅（也称石英，是沙子或石英矿的主要成分），然后精细地喷涂一层金属或一种叫多晶硅的物质，进而生产出一个更复杂的分层堆积效果。虽然它起到的依然是晶体管的基本作用，但它的结构更加紧凑。

晶体管即使是单独工作也具有较高价值，因为它能通过夹层中心电压的微小改变来控制位于三明治结构两侧的电压，进而产生放大效应。对计算机来说，相连的晶体管形成了许多单元性结构，我们将这些结构称为逻辑门。为了理解这些逻辑门，我们不得不暂时放下电学知识，回顾一下维多利亚时期布尔代数的相关知识。

时量代子 逻辑的符号

躲在这一数学奇事背后的是乔治·布尔（George Boole）。1815 年，布尔出生在林肯的一家补鞋店。尽管他的父亲是个鞋匠，但他对数学和工程学却兴趣十足，并教授了布尔基础数学的学习。布尔在 16 岁后就辍学了，他从未上过大学。当时的他去了唐卡斯特市做了一名助理教师，并通过业余时间自学数学。在代数方面，他逐渐积累了越来越多的专业知识。一段时间之后，布尔被任命为科克郡皇后学院的数学系主任，此后，他一直在那里教书，这也是后来的人们为何总喜欢称他为爱尔兰数学家的原因。

在皇后学院任职 5 年后，布尔出版了一本与逻辑数学相关的理论书籍。他在书中将逻辑变成一种代数运算，且可用符号来操控。他的方法也即计算机工作方式的核心。我们可以在一个更显而易见的层面上使用它，例如，我们在谷歌这样的搜索引擎上输入如下指令：

(Cars AND trucks) (red OR blue) (NOT Ford)

我用大写强调的词"AND"、"OR"、"NOT"（属于传统的布尔代数）就是如何处理请求的有效关键指示，它们控制搜索引擎工作。"与(AND)"指令告诉计算机的搜索引擎，结果既包括汽车又包括卡车。如只有汽车或只有卡车均不满足条件，必须两者皆有。"或（OR)"指令告诉计算机的搜索引擎，只要结果显示为红色或蓝色中任意一个即可，不必两个都包括在内。“非（NOT)”指令告诉计算机的搜索引擎，我希望从结果中将福特排除。指令中括号的作用仅表明信息的分类。有趣的是，虽然从严格意义上说，最初的搜索引擎均是基于布尔数学体系运行，但现在的谷歌似乎已不再使用布尔控件。当我试着在谷歌图片内输入刚才的请求时，有一半的内容都是福特汽车。谷歌现在对“非”的阐释似乎已非常模糊了，逻辑“非”也许已慢慢被广告预算所占据。

时量代子 布尔先生的门

简单逻辑指令的组合用于计算机内部的计算工作。这些控件被称为“门”。例如，与门（AND）需要两个输入，如果都是1，其结果返回1（有一段电流）；如果两个输入不能同时为1，其结果返回0（没有电流）。在使用布尔逻辑运算时，只有在两个输入都有值时，与门才会得到结果。相比之下，或门（OR）只要两个输入中任意一个为真，结果就会返回1。非门（NOT）返回的是与输入相反的结果，0变为1、1变为0。

还有一种复合门，比如与非门（NAND)，它产生的结果是与门（AND）输出的相反值。

如果你有办法通过电学技术的方法制造出这些门，就可以将其组装起来为计算机功能的运行提供帮助——晶体管（或电子管）就做到了这点。举例：如果你将两个晶体管串联起来，结果就是与门（AND)。因为只有晶体管均处于开启状态，电流才会流通。如果其中一个处于关闭状态（用0表示)，电流就不会通过整个结构。只有将两个晶体管都设置为1时，你才能得到为1的输出结果。类似地，如果你将两个晶体管并联起来，结果就是或门（OR)。此时，任意一个晶体管处于开启状态（即设置为1，允许电流流动)，电流就将通过门并产生输出为1的结果。

电子线路的基本构筑块可以像乐高积木一样灵活地组合，它们相互结合可以生产几乎所有的东西，从音频放大器到整台计算机。在我年轻的时候，流行过一种供年轻科学家娱乐的玩具，即将晶体管、电阻器等真实组件插入一个小钉板电路中实验不同效果。但今天，或许必须在量子框架中构建更多的实验了，而不是小钉板电路。我们需要特别关注三项技术：内存技术、显示屏幕技术、数码相机技术。

时量代子 褪散的记忆

最初，计算机需要有两种类型的存储功能——其一是工作记忆存储，即存储正接受逻辑门操控的二进制数据；其二是长期存储。传统电子设备用作短期存储并无任何问题，但用于长期存储就会暴露其劣势。当真空管或晶体管失去供电，记忆便会消失。早期的计算机通常依赖于一系列打在纸带或卡片上的孔以作信息存储。之后出现在数字计算机的生命周期中最常用的长期储存形式是磁。在数字计算机中，信息作为一系列磁畴被存储在金属表面。磁畴是小块磁性材料上的磁化区域，它们最初出现在磁鼓或磁带上，现在普遍出现在快速旋转的磁盘上。

20 世纪 90 年代，一种新的存储方式逐渐普及开来——光存储。但在随后的一段时间，事实证明光存储在计算机的发展过程中的生命非常短暂。今天，人们在选择长期存储时，通常会选择闪存。这种存储方式的优点是避免了磁盘高速旋转造成的物理损坏，且能适当提升计算机存储数据的读写速度。像我这样曾有将携带硬盘的计算机摔坏过的人就知道，这可不是什么好事。闪存是固态的，它的体积比机械式存储设备小很多，它可以将几十个 GB 的存储空间压缩在一个指甲大小的芯片里。

与电子技术一样，计算机的存储方式从穿孔存储到所有被淘汰的存储方式，从技术到本质上均属于量子范畴。如同量子机制的作用从电子管到晶体管逐渐变得更加凸显一样。当计算机存储方式逐渐发展到闪存的阶段，量子现象也被推到了中心地位。20 世纪 80 年代初，日本东芝公司发明了闪存技术。其初期，该技术主要应用于隐藏功能且只能间接访问。闪存技术主要用以保存极少更改的信息，如计算机启动时首先需要使用的 BIOS 指令。这是因为早期的闪存很贵，读写速度也慢，故而不适合日常快速存储使用。

首个新一代的闪存芯片在20世纪90年代才开始投入使用，并应用于可移动存储卡。今天，它为手机和小型计算机提供存储支持。在我们今天的认知中，如此多字节的信息可以安全地存储在一个小型便携式设备上是一件非常平凡的事情。这种类型的闪存比早期版本的闪存读取数据的速度更快，但它也存在一定的局限性：它在同一时刻只能访问一个位置，无法同时读取或写入成百上千的比特。但人们也找出了变通方案，在某些时候也能避免这个局限性，这一瑕疵通常被它快速的存取速度的优势所掩盖。

和传统类型的存储设备一样，闪存也利用晶体管工作，但都是金属氧化物半导体场效应晶体管设备的特殊变体，我们称其为浮栅晶体管。在这种晶体管中，栅就相当于三极管里的网格，作为电极控制通过阀门的电流。在浮栅晶体管中存在两个门：传统的控制门和它下面被电气隔离的浮动门。这样，它就可以无限期地存储一个荷电状态，从而为数据提供存储了。当浮置栅极充电时，它会屏蔽控制门，不让其影响流经三极管的电流，使其可以永久地发挥开关作用。

浮置栅极是完全被绝缘体隔离的，通过感应充当屏障。这也留下了一个问题：如何通过在门上充电或放电来改变不可存取内存的值。正是在这里，一个纯粹的量子效应接管并发挥了作用。量子隧穿效应使电荷添加到门上或者从门上去掉。在这个过程中，一个粒子——在这种情况下是电子——可以穿透屏障，从屏障的一端到达另一端不通过其间的空间。如不考虑量子效应，这种类型的浮栅晶体管就无法运行。在任何使用闪存存储的设备上，都发生着大量的量子隧穿效应。

时量代子　数据可视化

在很长的一段时间里，计算机上的信息均是以存储于纸上的方式呈现给世人的——先是穿孔纸带和卡片，之后是自动化打字机（电传打印设备）的输出。然而，输出视觉信息的技术却可以追溯到维多利亚时代，这一技术后来成为了计算机和电视机的标准技术（阴极射线管）。

正如我们知道的，阴极射线实际上就是电子流。当电子流引起真空玻璃管的一端发光时，人们发现了它。不过，没多久，我们就用两种特定的方式对原来的实验进行了改进。

第一步改进，是在原始的“克鲁克斯管”的一端涂上一层荧光剂。在被一连串电子命中的时候，玻璃本身会发出温和的磷光，这就是克鲁克斯和其他实验者最初所看到的鬼火般的绿光。同时，荧光剂还会释放出更加明亮的光芒。在荧光剂内部，飞来的电子会猛地撞入材料晶格的原子里。入射电子的一部分动能会被荧光剂原子外部绕行的电子吸收，促使它们从固定价带移动到高层次导带。在那里，它们可以经由晶格发生漂移，一直抵达被称作活化剂的那些被专门掺入的杂质处。它们被活化剂采集之后，电子的能级会快速下降。在这一过程中所释放出的能量会形成细小的光芒——发出闪烁。

最初的屏幕只能显示黑白两色，它们大多使用锌镉硫化物和硫化锌(银)。彩色屏幕则是由三种荧光剂组成的点阵集合，这三种荧光剂会在蓝色、绿色和红色区域产生峰值，从而发出光的原色。（如果你认为红色、蓝色和黄色就是原色，那就真被误导了，虽然今天的小学老师们仍这样告诉学生。事实上，它们只是洋红色，蓝绿色和黄色三个二次合成色的化简。在颜料的使用过程中，你就能体会这些互补色的重要作用。通常情况下，老师都是通过图画让学生识别颜色，而不会使用光。或许是为了教学的简单，他们向你撒了个小谎。）

有了合适的荧光剂，从阴极射线管荧光屏发出的光会变得更为明亮，颜色也会得到较好的控制。但这只是第一步。因为从机制上分析，传统的克鲁克斯管会简单地将管子的一端全部点亮（除了阳极投下的影子以外）。要将阴极射线管变成电视或计算机屏幕，还得作第二步改进——必须控制密集的电子束，使其在屏幕表面移动，在荧光剂表面绘出图像。

无论是计算机屏幕上的字符还是电视上显示出的画面，均是由快速扫过屏幕表面的电子束形成。它们依靠荧光剂的持续发光特性，使发光的时间长到能够持续到电子束返回并再次发生撞击的那一刻。电子束的方向由一对电极板控制，这对电极板根据需要控制电子束的方向。当然，电子只向着需要发光的屏幕单元发射。剩下的空隙之处则为黑色填充。（准确地说，应为灰色。因为电视屏幕无法显示出比关闭状态下更暗的任何颜色。）

维多利亚时代的阴极射线管技术还非常原始，但它却主导着我们观看电子图像和文本的方式，从电视发展的早期阶段一直持续到 20 世纪 90 年代。在这之后，其他的显示类型才开始占据主流地位。阴极射线管的问题在于其形状巨大且笨重（还需要高电压才能维持运转）。为了满足电子束能扫过整个屏幕，产生电子的"枪"必须距离设备的前表面有足够远的距离，故而，管子的深度至少是其宽度的一半。早期的显示屏幕仅有几英寸宽，因而不会产生太大的问题。但随着显示屏幕尺寸的增加，管子的深度逐渐成为了一个尴尬的问题。

时量代子 优雅的显示设备

平板显示设备登场了。平板显示设备主要依靠三种技术（LCD、等离子、LED）。最早的且至今最受欢迎的平板显示设备是 LCD——液晶显示器。它不仅解决了阴极射线管臃肿的问题，还降低了产生图像所消耗的能量，进而可以将显示屏幕设计得更宽大。老电视和老显示器通过控制荧光剂产生的光显示图像，而 LCD 可在屏幕上拥有均匀的照明并利用滤波器控制透过屏幕到达观者眼睛的光。这种工作方式的秘密就是液晶。

液晶的首次发现可以追溯到 1888 年，它是一种可以像液体一样流动的物质，但也拥有固态晶体的特性。它还有一个隐藏的技能：在自然状态下，它们可以扭转通过它们的光。光具有偏振性，即与光的传播方向相垂直的包含任何可能方向的横振动（如果你将光看作光子，请关注下章，我将对光的这一特性作详细说明）。当光穿过液晶时，偏振方向发生了扭曲。

在 LCD 屏幕上，一大片晶体被放置在了两个偏振滤波器的中间，两个偏振滤波器如同筛子且彼此垂直分布，它们只允许特定方向的偏振光通过。如果后置滤波器在水平方位工作，则只允许水平偏振光通过。水平偏振光会撞向前置滤波器，前置滤波器只允许垂直偏振光通过，故而阻止了水平偏振光的传播，屏幕上呈现出一片黑暗。如果我们将液晶置入两个滤波器的中间，且置入的液晶可改变光的偏振方向（将水平偏振光旋转为垂直偏振光），位于水平滤波器后面的照明面板发出的光就能照亮前端屏幕了。

到目前为止，一切都非常美好。现在，我们谈谈聪明的扭曲（字面意思）。当电流通过液晶时，液晶呈螺旋扭曲的分子会变成直列。在这一新的排布中，液晶不再旋转光的偏振，故而屏幕变暗。接上电流变暗，关闭电流变亮。如果仅是这样的简单应用，那么，也就只能演示下摩尔斯电码。但在计算机屏幕的实际应用中，一个显示屏被分割为了数以万计的微小区域，每一区域都由电子网格控制。彩色屏幕将每一区域或像素划分为三份，对应于三原色。电子网格控制特定的区域独立工作，允许其所控制的晶体打开或关闭旋转效果——其结果就是，根据每一区域或像素（“图片元素”的简短术语）的开关，计算机屏幕可组合呈现出一幅复杂的图像。

这也是现在的计算机屏幕可以展示出复杂彩色图像的原理。我此时用以撰写本书书稿的计算机拥有 2 550 像素 ×1 440 像素的显示屏（2 550 像素宽、1 440 像素高）。这意味着计算机屏幕有 3 672 000 个区域，它们集合起来会形成一个细节丰富的图像，这样的图像会非常精确。虽然当下也存在一些与其相竞争的技术，但这些技术都来自于液晶技术的变体。宽泛地看，它们都基于同一工作原理。通常情况下，它们用独立的晶体管控制电流，应用到每个像素，以控制计算机显示器呈现图像的方式。

量子时代 检视物质的第四态

在能够制造真正巨大的 LCD 显示屏之前，曾有一种 LCD 的替代品流行于世——等离子屏幕。它们在外观上与液晶显示屏极为相近，但更加明亮。作为代价，相较于液晶显示器等离子屏幕功耗更高、寿命更短。等离子屏幕就像一个巨大的由小型荧光灯组成的矩阵。屏幕表面的每个小格都填充着一种像霓虹灯里一样的惰性气体和少量的汞。水银荷电后蒸发，形成等离子体，即聚集起来的离子（缺少或增加了电子的原子）。与气体不同，等离子具有较强的导电性。电子流过等离子体并瞬间激发附着于汞原子的电子向高能级跃迁，然后降回基态并释放出紫外光。当这种高能量形式的光撞击到小格前面的荧光剂时，它会使荧光剂发出可见光，形成图像。

现在，有证据显示，等离子显示设备趋于下坡路，LCD 也迎来了来自 LED 屏幕的竞争。LED 屏幕的像素由微小的发光二极管组成（它也因此得名），这些二极管比针头还小。这些二极管利用了半导体中的量子效应，在这种效应中，电子落入空穴里并释放出光线。LED 面板最令人印象深刻的是，它的尺寸不会受到任何限制——已有人建造出对角线为 40 米的户外 LED 显示屏。对于电视和计算机屏幕来说，OLED（有机发光二极管）是现在较流行的发光二极管形式，它使用有机化合物作为发光层。发光二极管越来越流行，因为它们可以用来生产比 LCD 更薄、更轻的屏幕，同时还拥有比老对手更高的对比度。

时量代子 量子拍照

自 20 世纪 90 年代以来，拍照技术发生了革命性的变化。这种变化在伊士曼·柯达（Eastman Kodak）公司的征程上表现得淋漓尽致。柯达曾是世界上最知名的胶片品牌之一。柯达公司在其胶片市场彻底崩溃之后，于 2012 年被迫申请破产保护。整个 20 世纪，一直被人们使用的胶片照相机技术相比维多利亚时代仅为量上的改变。但量子理论完全颠覆了这项技术，它使用电子捕捉图像。

数码相机彻底改变了摄影业，甚至改变了商业模式。因为用数码相机拍摄照片不再需要胶片这样的消费品。具有讽刺意味的是，数码相机实际上是柯达公司于 1975 年发明的，但该公司因担心其新一代相机的发明会为传统的胶片产业带来负面影响而抑制了这个产品的发展。这是目光短浅的行为，比如维多利亚州天然气照明公司曾面临电器照明的竞争，而他们认为要甩开竞争者的唯一办法是积极地开发出一个更好的气灯罩。而柯达公司则为其保守的做法付出了沉重代价。相机技术向数码方向发展，可使我们获得更多的照片。当然，我们还要感谢数码摄像技术集成到了无处不在的移动电话中，让我们携带相机更加便捷了。

进入数码相机的光会通过一个微小的彩色滤光片，因为用于检测光线的传感器并不能区分颜色。传感器本身以两种可行的机制运行。其一是从 1975 年第一台相机沿用至今的最早的技术“电荷耦合装置”(CCD)。实际上，CCD 是由一系列微小的容器组成的阵列，每个容器都能容纳电子。当光子击中设备的一个区域，敲出自由电子，势阱内的电子数就会增加。因此，接收光越多的势阱就会得到更高的电荷量。在捕获图像的时候，每个势阱的电压会被测量出来，以生成可转化为图片的数据。

其二是 CCD 的替代方法“互补金属氧化物半导体（CMOS)”传感器。实际上，CMOS 传感器是一个带有光敏二极管和放大器阵列的集成电路。它能直接对入射光产生反应，而不是将一定时间内的信号构建成一幅图像。CMOS 传感器在普通相机市场的占有率极高，因为相较于 CCD，它的运行速度更快且制造成本更低。然而，CCD 也依然具有一定的市场份额。因为在一些高质量的视频摄像的应用中，CCD 可以一次捕获整个图像，而 CMOS 传感器通常只能一次捕捉一行信息。这从客观上造成了 CMOS 传感器在捕捉高速运动物体的图像时存在缺陷。

量子时代 无处不在的相互作用

这些量子技术无处不在地存在于我们的生活，而我们却将其视为理所当然。也许，今天还有些房子没有电视、收音机、计算机、电话。但我们将衣服送去洗衣房清洗时，你会看到，即便是最普通的洗衣机也具有计算能力和屏幕显示功能。法拉第曾说，“有一天政府会对这项发明收税。”而我想说的是：“发电和用电的第一步，是我们日常生活转变的开始。”

当然，电力在我们开发出以此为基础的技术之前就存在已久。所有生物都有内部运作的电气元件。自然中也到处充满了电，最显著的例子就是闪电。但另一种量子效应在自然界中更为明显，在某些方面，它甚至比电效应还显著。这一量子奇迹决定了我们视觉的方式，决定了为什么地球能托太阳的福成为宜居的星球。它甚至深居于带电粒子相互吸引和排斥的核心，隐藏在固态物质结构的背后。它更是我们可以坐在椅子上，而不是通过椅子掉下去这一事实的全部机制及发生方式。它就是光与物质的相互作用。

4 量子电动力学

实际上，我们所体验到的一切，都是光或者物质或者二者的共同作用。就光而言，它远不只是一种能让我们看见物体的现象。我们看到的光来自太阳，它穿过宇宙中的真空地带抵达地球。它为我们的星球带来能量，为我们营造了温暖且适合居住的世界。不同频率的光能帮助微波炉烹饪、收音机运行、电视和移动电话通信，或使医务人员进行 X 射线和 CAT 扫描。在最基本的量子水平上，光子是电磁力的载体。我们所产生的主要生理体验大多来源于电磁力，从我们能触摸物体到我们不会从地板上漏下去而消失，都依托于电磁力的存在。

量子时代 从眼睛开火

从人类学会记录我们的思考以及我们的困惑以来，人类对光一直充满着好奇。不可否认，这是人类一直希望探知的谜团。必然地，我们与光的首次联系是以视力的形式开始的。古希腊时期的观念普遍认为，视力源于大脑中一种特殊的火焰。火焰从眼中向被观察物体投射出一束光。（他们认为，大脑中的水室可以防止火焰对我们灼烧。）这种理解似乎疯狂，因为这意味着没有外部光源我们也能可视化物体。古希腊人将这一问题进一步修正。他们提出，太阳为我们提供了帮助，它可以帮助我们的眼睛发出光束。

这一理论在今天看来显得笨拙，还需要奥卡姆的剃刀，它的产生源于形而上学的方法。但在当时，人们坚信视力是我们主动对周围的世界做出的观察。基于这点，对当时的古希腊人来说，视力绝不能在纯粹依靠外力的驱动下产生。他们不愿接受我们只是接收器，以及光是独立于我们存在的思想。他们对光的这种与今日完全不同的理解有一个经典的例子，它来自于希腊数学家欧几里得。欧几里得曾说，“我们寻找大地上的一根针，即便太阳光总是将它照射着，我们也不一定能看到。只有当来自眼睛的‘视光’落在物体上时，物体才会出现在我们的眼前。”他们认为，太阳光在这个过程中只是起了辅助作用，而来自人类眼睛的光束才真正产生了视力。

到了中世纪，阿拉伯和欧洲的学者们逐渐抛开了这个含混不清的希腊推理。他们将光看作一种源于光源（如太阳）的流体，如同水柱从墙壁上反弹出水花。我们能看见物体，是由于光从物体表面反弹回来并进入了我们的眼睛。人们逐渐意识到，月亮并非因自身的光而发亮，它只是反射了太阳的强光。人们开始想象，光以直线方式在两点间进行流动。人们对光的认识因技术的发展得到升级，随着这一思想变得成熟，人类慢慢学会了如何控制光的流动。最早的光学技术的应用就是镜子，抛光过的金属或石头通常比普通物质反光性更好。而透镜的发明，真正使光在探索宇宙方面成为了一个具有深远意义的介质。

“透镜”这个词来自于“小扁豆”的拉丁语，因为凸透镜的外形与这种食物非常相似。如果光是以直线传播的某种东西（不必纠结“东西”是什么）或者流体，镜头可弯曲这一流体并实现对光的操纵以集中并放大这一结果。很快，镜头就让一系列不可能的事情成为了可能。比如，查看肉眼不可见的微小事物，或是拍摄远景照片（从人间到宇宙）。光成为了一种可根据人类需求加以利用的万能现象——但人们在对光的理解上的进展却异常缓慢。

时量代子 光的力学

1664 年，法国哲学家勒内·笛卡尔（René Descartes）首次为光的移动方式给出了一个合理的科学解释，尽管他的概念很容易遭到反驳。

他认为空间充满了他称之为“plenum（实空）”的无形物质。笛卡尔认为，物体发光时会释放出某种压力（他称其为“运动的趋势”）。例如，当我们抬头望向夜空中的星星，笛卡尔认为似乎有一个极长的长杆将星星连接到我们的眼睛。星星在杆的一端施压，杆的另一端对眼睛施压，从而产生了视觉效果。这个模型表明，光以极快的速度高速传播，这个问题后来成为了长达几个世纪的学术界争论的主题。笛卡尔知道，光速是非常快的。伽利略曾将一个仆人送到远处的一座山上并在夜晚点亮灯笼作实验。当他用灯笼示意仆人时，仆人用灯笼发回信号，通过距离的测量和时间的记录测算光的速度。伽利略发现，他和仆人站在很远的地方与站在彼此身旁所记录的光的传递时间完全相同，所能辨识出的延迟均源自他们的反应时间。但在那个年代，光是瞬时的还是快速的，这点并不能用实验证明。

晚于笛卡尔50年出生的艾萨克·牛顿在光的方面取得了惊人发现，并用一个更实际更可靠的理论取代了笛卡尔的理论——尽管牛顿当时的想法存有争议且很快遭到了抛弃，直到200多年后，人们才发现牛顿的想法比任何人的想法更接近真相。牛顿认为光是一个粒子流，他将其称为“光颗粒（corpuscles）”。这意味着光不需要任何看不见的实空或以太就可以穿越空间，这使得牛顿的模型与大多数竞争理论相比更简单。根据他的理论，光会以一个有限的、非常快的速度传播。

时量代子　解析彩虹

牛顿并未试图测量光的速度，但他的确做了一些与其相关的实验，打开了我们对光和颜色的理解之门。1664年，剑桥大学的22岁的牛顿在一次赶集中买了一个非常益智的玩具。当时，剑桥大学的私有安保监督人员试图让大学生永远处于他们的管控之下（远离城市的酒馆）。而牛顿参加的斯陶尔布里奇集市正好处于他们的管控之外。于是，这里成了他们在学术界以外难得的放松的享乐场所。在一个卖玩具和小饰品的摊位，牛顿购买了一个棱镜，一个带三角形横截面的玻璃块。

棱镜作为玩具出售的原因是人们早已知道当光线照射棱镜时，棱镜会呈现出美丽的彩虹图案。牛顿试图寻找棱镜产生彩虹图案背后的原因。当时较流行的理论认为——当光穿过玻璃时，玻璃中的瑕疵会赋予光各种颜色。这个理论在当时是具有可能性的，因为当时的玻璃质量很差（实际上是非常差，以至于当德国的作家和科学爱好者歌德试图重现牛顿的实验时，他甚至连一道彩虹都看不见）。玩了一段时间的棱镜后，牛顿又激发了灵感，他希望再找一个棱镜来测试自己的理论。

牛顿认为，如果光谱是由玻璃中的瑕疵产生，那么，他挑选出某种颜色的光并让其通过第二只棱镜时，光的颜色将再次发生改变。事实上，实验证明通过第二只棱镜的光并无任何颜色改变——它还是呈现出原来的颜色。更令人印象深刻的是，牛顿观察到，不同颜色的光因棱镜而产生的弯曲度总是一样的。（学术界对牛顿从低质量棱镜中获得的有效证据，以及牛顿报告的结果是存有疑问的。但不管怎样，他的结论是正确的。）这个发现进一步激发了牛顿，他解释道，白色的光是由频谱中各种颜色的光共同组成。当白色的光通过棱镜时，不同颜色的光会在棱镜效应下从不同的角度折射出来。

在牛顿体悟了日光存在各种颜色且知道了这些光存在的方式后，牛顿的眼界打开了。他明白了为什么我们看到的物品总呈现某种特定的颜色。例如，当来自于太阳的白光射向一个红色的邮箱，油漆会吸收白光中的各种色光，但它不会将红色的光吸收掉。所以，当光线反射回我们的眼睛时，只会留下红色的组分，邮箱也因此在我们的眼中呈现出红色。虽然在当时，存在不少反对牛顿的声音，尤其是他的劲敌罗伯特·胡克（Robert Hooke），但牛顿的观点依然很快取得了胜利。遗憾的是，牛顿的另一理论光是由光颗粒组成的，却并未得到大家的认可。与棱镜中的彩虹不同，光是由光颗粒组成的理论缺乏明显的实验论证。客观地说，人们对此理论的怀疑也具有一定道理。

量子时代 以太中的涟漪

随着笛卡儿理论的淡出，光是一种波的理论替代了光是粒子的理论，光的波动理论认为光波就像一块石头掉到平静的水塘时展开的涟漪，尽管水塘里的涟漪是发生在三维空间，而非如同光一样是属于二维空间的运行方式。例如荷兰科学家克里斯蒂安·惠更斯（Christiaan Huygens）的观点：人们早已接受了声音在空气中以波的方式传播这个观点，而声音与光的相似性（虽然是有限的），特别是人类主观上对它们在听觉和视觉上的联系，也进一步证明了光是以这种方式传播的。

然而，光是一种波的概念对大自然提出了额外的要求，因此，牛顿有了充足的理由去质疑这一说法——粒子可以顺利地通过真空，但波需要介质的帮助。从本质上说，波仅是一种物质内的运动，必须有物体实施波动。声音的传播介质是空气，不久之前，这一论点通过在真空中放入铃铛的实验得到了实证。我们无法听到铃声，是因为声音无法通过真空传播。实验里，真空中的铃铛并未消失，但它依然可见的，这证明了光可以在真空中传播。

惠更斯设想出了一个类似笛卡尔提出的实空的物质，但他认为这种物质并非坚硬的，而是由很多小的可压缩块组成，就像充满小橡胶球的空间。光会以一系列小小波的形式在其间通过，从一个球移动到另一个球。

最初，以太理论的实验支撑证据非常少。任何理论都无法避开对“光从一种介质移动到另一种介质发生折射”这个问题的争论。在 19 世纪初，对牛顿想法产生致命打击的实验正是我们前面介绍过的杨氏双缝干涉实验。如果按照牛顿的说法（光是微粒），杨期望能在屏幕上看到两个光柱（每个狭缝一个）。但事实上，实验看到的却是一系列明暗交替的光条纹。这时，光是微粒的说法就难以成立了。相反，如果光是一种波，则与实验结果吻合，因为两个波之间的干涉会出现我们实验中所观测到的条纹。

时量代子 波动的方式

杨正确地猜到，不同色光的波动频率存在差异，即波从一个波峰向下一个波峰波动所需的时间依光的颜色不同而不同。事实上，这也是光有不同颜色的原因。这点在他的实验中也得到了验证，因为光色的变化会改变实验中照射在屏幕上的图案。杨还提出了在许多人看来比较激进的建议：光是一种横向的波，光在其传播方向上呈现为左右摆动。而当时的普遍观点认为：光是类声音那样的波，光波的波动方向为前后振荡，并非如池塘表面或绳子上出现的左右摆动。

杨提出的这个观点向当时的理论界发起了挑战，因为当时的人们认为，横波只能存在于物体的边缘。在物体的边缘，波可以无碍地黏附于其构成材料上，如果它试图穿过构成物体的材料的中心，就会与周围材料发生碰撞而出现快速衰减。然而，无论是什么玩意儿在波动（比如在当时，这一玩意儿被称为传光以太），并通过这种波动使光运动起来，光都可以从中轻松地一划而过。那么，波是如何以涟漪的方式从一边扩散到另一边的呢？当时，并没有一种理论可对其进行合理的解释。杨听说过偏振效应，通过偏振效应可以产生不同“类型”的光，偏振后的光的传播方向与光束传播方向成直角。按此推理，杨认为要合理地对这一现象进行解释，只有将光定义为横波才具有可行性。而要彻底弄清光的波动方式，不得不等待一个更好的理论的出现。

越来越多的实验证实光确实以波的形式传播，但令人不安的是几乎没有任何证据能证明光的波动需要以太的存在。以太确实是一种奇怪的材料，它能充填所有的空间且无法触摸，它能振动而又无限坚固。因此，当光波穿透它时并不会发生能量的损失。

量子时代 法拉第的猜测

1846 年，迈克尔·法拉第首次提出“在光的传播中，以太是不需要的”的观点。法拉第虽然在日常生活中较为保守，但他却是一个伟大的科学传播者，且在皇家学会担任教员。传说，皇家学会的另一位物理学家查尔斯·卫斯顿（Charles Wheatstone）会在每周五的晚上作演讲。这种演讲有个约定俗成的规则非常吓人。按照传统，听讲者可以直接冲上讲台，不作任何介绍地开始自己的讲说。

1846 年 4 月 10 日夜晚，据说，当卫斯顿知道台下有法拉第这位听众时，他完全失去了心神并匆匆离去，法拉第顶替而上作了即兴演讲。这是一个美妙的故事，但真实性难以考证。因为当时的法拉第曾有一个星期的时间接替发言人杰姆斯·纳皮尔（James Napier）作演讲。在那段时期的演讲中，法拉第确实对卫斯顿的电动钟的发明给予过简短评论，但他的重点是宣讲自己对光的看法。

正如我们知道的，法拉第首先想到了场的存在。他认为，场从导体延展而出，当磁场线被切断时就产生了电流。法拉第认为，光是一种在力线中振动的波。光波并非物质中的机械振动，而是在非实质力场中振动的波。正如他在演讲中所说，他的理论“努力消解的是以太，而不是振动”。如果力线并非人们想象中的辅助物，而是一个真正的场（不管它是什么场），它就可以在不需要神奇以太的情况下传递振动。

时量代子 波的相互作用

迈克尔·法拉第从未假装自己是数学家，他通常选择以可视的方式表达自己的观点，而非复杂的理论。在他之后，詹姆斯·克拉克·麦克斯韦（James Clerk Maxwell）提出了电磁耦合效应的数学描述，这为理解光的本质提供了最后一块拼图，填补了法拉第假说中的空白。奇怪的是，麦克斯韦一直没有放下以太这个概念（这表明，即使是最伟大的科学家，通常也会持有一些保守的固执）。事实上，正是因为麦克斯韦将以太看作流体，才引申出了之后令人赞叹的结果。

法拉第已用实验证实了运动的磁可以产生电，运动的电也能产生磁。麦克斯韦则意识到，一定速度移动的磁波会产生电波，而电波也会产生磁波，无限循环。但无限循环的前提是，这个给定的速度为光速。麦克斯韦评论道，“我们完全有理由相信，光（包括辐射热和其他可能存在的辐射）也遵循电磁法则，且以波的形式通过电磁场中的电磁扰动而传播。”

在这个阶段，我们对光的理解与量子理论尚不搭边。如同我们所知的那样，尽管量子理论的开端正是我们理解到了光必须以小包的形式传播，但麦克斯韦那以太中的电磁波却是完全平滑延续的，没有小包，也没有什么特别之处。麦克斯韦对以太存在的假设（法拉第认为以太并不需要存在）到19世纪80年代末仍是物理学界的主流观念。这种对以太的认同观一直持续到美国物理学家阿尔伯特·迈克尔逊（Albert Michelson）和爱德华·莫利（Edward Morley）开始研究以太为止。他们计划将地球本身用作实验的一部分。

以太的圣坛

以太被看作是宇宙的常数，它恒定存在且可以被任何事物穿透，它可以作为参照系衡量一切事物。如果没有以太，就会出现参照系的缺失。如早在爱因斯坦出名之前，伽利略就在被称为相对论的概念中提出，所有的运动都必须是相对于某一事物的。如果没有“从优参照系”，也就没法定义纯粹的静止态。当时的观点认为，以太可以为我们提供此种参照。地球在绕太阳转动的旅程中匆匆穿过以太，这在事实上也引起了以太的流动。这也意味着，光会以不同的速度在以太中传播。速度的不同取决于你是根据地球移动的方向测量，还是根据地球移动方向的垂直方向测量。

迈克尔逊和莫利的实验装置看上去更像是来自中世纪大教堂中的某样物件，完全不像19世纪后的强技术性的实验装置。他们的实验办法是，在一个砖石做的基底上安装一个圆形的金属槽，槽内填满炼金术士最喜欢的物质——汞。汞是一种液态金属，可以托起一个木质构造的物体在它的表面漂浮，在这个木质物体的顶部还安置了一个大石板。对这个实验装置做出如此精密的构造，是因为这个装置的运转必须严格设置为每6分钟转动一圈，且能持续数小时而不需要任何干预。

在大石板的上方有一个光学装置，它将一束光分成两半，并将分开的光线以直角形式发射出去且还能对分开的光线进行重组。在光线重组的过程中，当光波发生相互作用时，用显微镜可以很容易地观看到光波相互作用所产生的干扰条纹。如果在实验中以直角形式发射向两个方向的光线在速度上存在差异，那么，随着大石板笨重地旋转，干涉条纹也应发生相应的移动。这个实验的结果是，什么事情都没发生。这个实验原本的目的是为了证明以太的属性，但实验结果却证明了以太并不存在。

对光波的波动不需依赖任何介质这个观点，当时的人们还是难以接受，但部分学者逐渐开始转变立场并重新重视法拉第曾提出的观点。他们认为光的传播不再需要以太的存在，因为波只是一个非实质电磁场中的位移变动。此后，随着普朗克对量子理论的推动，事情变得更加明朗起来——因为不会有人认为粒子需要以太。光，以某种神秘的方式，既以粒子也以波的形式存在。

时代量子 强大的频谱

光的量子理论开始被人们接受的时候，“光”这个词的定义已然发生了转变——由最初的人们借以观看事物的定义逐渐转变为覆盖有巨大电磁辐射频谱的定义。电磁辐射频谱包含了自甚长波无线电波到微波、红外线、可见光、紫外线、X 射线和 γ 射线的所有内容。人类可视的只是频谱中的一个非常窄小的片段，大约位于这一范围的中央。上述的这些不同名称都是人为定义的，事实上，在这些如同天渊之别的不同称呼间并无明确中断。比如在无线电波与微波之间，或是在紫外线与 X 射线之间，均为接续相连。我们用以保持飞机安全航行的雷达发射的电磁波与核爆炸中所产生的致命 γ 射线之间，也只有频率或能量上的差异，并无其他任何不同。

如果我们将光看作一种波，当光波的频率沿频谱向上移动时，电磁波的波长会越来越短，频率会越来越高。披上量子的外衣，事情将变得更加简单。低能光子与高能光子之间的区别只是能级上的改变。例如：X 射线可以穿透肌肉并损伤 DNA 只是光子能级水平增加的表现。

时量代子 光与物质之舞

随着量子理论的发展，人们逐渐理解了光与物质的相互作用方式。最初的量子观念源于热物质发光的方式，而爱因斯坦的工作是基于光撞击金属会敲出电子的前提进行的。光与物质的相互作用似乎只是物质世界的极小部分，而它却被证明是最重要的部分。正是光与物质的相互作用加热了我们的星球，并使我们能看见事物。大家会发现，即使是臀部与防止你下沉的椅子之间的基本相互作用力（电磁斥力），也是光子流在原子间穿梭的结果。事实上，光子流在原子间穿梭的过程，人们难以可视化。

我们将光与物质之间相互作用的理解，定义为“QED”，即量子电动力学。很多人为这门学科的诞生作出了贡献，但有一位科学家的贡献尤为突出。他就是英国物理学家保罗·狄拉克（Paul Dirac），量子电动力学的基本原理就源自于他。但将量子电动力学理论彻底整合起来的是与狄拉克同时代的另一位杰出物理学家——美国天才理查德·费曼（Richard Feynman）。费曼是物理学家们眼中的物理学家，几乎所有的物理学家都将费曼置于自己“最崇敬的人”的首位。

时量代子 费曼的触摸

费曼受欢迎的原因融合了许多因素。他在一个大部分人都倾于内向（现在仍是如此）的领域，成为了一位外向的和伟大的沟通者。他惯于用不同的视角去看待物理学中的问题，而不是倚赖于已有的方式。这种观念或许在费曼年轻的时候就被他的父亲梅尔维尔（Melville）置入了。费曼出生在第一次世界大战的死亡月里，梅尔维尔启发费曼超越已有的结论，去看待真实发生的事。

费曼搬到普林斯顿之前在麻省理工学院学习。他在寻找自己的博士课题时，无意看到了狄拉克发表的有关量子理论的论文。受狄拉克论文的启发，费曼开始思考如何将英国物理学家所做的工作概括起来，对量子事件进行更简单的描述。费曼在数学上采取了非常直观的方法，并采用了粒子“世界线”的想法。费曼自制了费曼图，表现了粒子位置按时间排列而成的散点图。费曼图中的一个坐标轴是时间，另一个坐标轴是粒子在空间中的位置。传统的“世界线”图表总以时间为横轴、位置为纵轴，但在费曼图中它们可以互换位置。

如果以时间为纵轴且粒子固定不动，我们可以用一条垂直线进行描述；如果粒子以恒定的速度移动，描述它的方式就会变为一条斜线。当然，在现实世界中，粒子可以在三维空间运动，但这会使费曼图变为四维，画起来会有点费劲。为了简便，我们只考虑一个假设的空间维度，但也承认其他维度的存在。

量子理论清楚地表明，粒子并无确定的时间位置或轨迹。所以，费曼试图画出每条可能的世界线将粒子的开始和结束点相连。如果能把所有这些线集合起来，且每条线都附带有自己的概率，我们就将拥有粒子行为方式的完整描述。一个粒子从 A 到 B 有无限种行径方式，但费曼并不认为这是难以解决的问题。积分就为解决这一问题提供了有效手段，它将无限多的小变量集合，并最终形成了有限的结局参数。事实上，许多路径会在现实中互相抵消，或者因概率很低而忽略。

当时的费曼的想法并非建立在计算的基础上，但这对他的论文来说已经足够。随着第二次世界大战被调停，他安顿了下来，开始舒服地为他的博士学位做总结。1941 年 12 月，日本偷袭珍珠港的同月，费曼被借调到美国最高机密的部门工作，制造基于核链式反应的炸弹——原子弹。

时量代子 量子破坏

费曼与一个团队合作，他们将铀的同位素 U－235 从更为常见的、化学性质难以区分的 U－238 中分离出来。与此同时，费曼也完成了自己的博士学位。如此快地拿下了博士学位，部分原因是他希望在自己结婚前完成学业。他与未婚妻阿利纳（Arline）订婚已有较长的时间，不幸的是，他的未婚妻患上了晚期肺结核。鉴于此，费曼决定加快自己的结婚进程，1942 年 7 月，他们在医院完婚。

与此同时，费曼的铀分离工作因为一个更好的方法的出现而变得多余。于是，他搬到新墨西哥州的洛斯·阿拉莫斯国家实验室，并参与了曼哈顿项目中的一个重要部分。他前往那里工作的原因仅是因为附近的医院愿意接收并照顾他的妻子。这家医院坐落在距离费曼的工作室 60 英里（96 公里）外的阿尔伯克基。费曼在忙于核弹构造而进行的复杂计算的那段时间，阿利纳的身体日渐衰弱，并于 1945 年 6 月因病去世。1945 年 7 月，在费曼在场的情况下，人类历史上首个核装置在距离洛斯·阿拉莫斯国家实验室以南 200 英里（320 公里）的阿拉莫戈多“三位一体”试验基地测试引爆。

费曼在洛斯·阿拉莫斯国家实验室的工作，在物理学界和保持科学家们的士气上都做出了巨大贡献，但也不可避免地与军队文化产生了冲突。他时常挑战军事生活的琐碎规定，在不被发现的情况下擅自进出营地，并以解开上锁的文件柜及保险柜而闻名。在他转业之后，立马回到了博士学位的研究工作，继续研究光与物质相互作用的理论——量子电动力学（QED）。

时量代子 证讫

费曼、哈佛的朱利安·施温格（Julian Schwinger）、日本的朝永振一郎（Sinitiro Tomonaga），都以独立的、不同的、平行的方式发展着量子电动力学理论。然而，正是费曼的版本使这门理论能更简单地解释光子和电子的相互作用。实际上，光与物质的相互作用归根结底都是极简元素的组合。要么是某个电子失去能量并释放出一个光子，要么是某个电子吸收能量而一个光子消失了。当电子能级下降时，光子诞生了；当电子跃迁到高能级时，光子消失了。

虽然这看上去并不起眼，但实际上，量子电动力学广泛蕴含于我们的日常生活，其作用与影响都是惊人的。在我们所掌握的所有物理理论中，量子电动力学的预测是迄今为止最接近实际观察的。正如费曼曾高兴地指出，“量子电动力学与现实观察是如此契合。就如同我们拥有了一个理论，可以精准预测纽约到洛矶山的距离，其误差值仅为人类头发丝的宽度般大小。”谈到这里，他认为这个看上去完美的事物依然存在一个问题，量子电动力学并不会描述我们心中所认为的那个世界，那个我们体验着的传统意义上的世界。相反，它堆砌于量子的古怪特性之上。即粒子行为表现为粒子在同时刻可能出现在任何可能的轨迹上，且有时还会表现出逆时光而动的行为。然而，不管怎么说，该理论的预测与我们观察到的实际结果是非常吻合的。

费曼会在他的“世界线”图中增加一个额外的复杂之处，即在必要的地方为粒子加上箭头，就像手表上的秒针那样。这个箭头随时间稳定旋转，而箭头的大小（更精确的说法是面积）表示在特定位置发现粒子的概率。这个指南针箭头代表了粒子的一个属性——相位。费曼在粒子和波之间建立了一个互通的接口。相位代表了在某一特定的时间与空间的点上波运动的位置。它随着时间的定期旋转，使粒子得以产生所观察到的波纹效应。

当费曼给他的图表中的光子配上了相应的相位箭头，他意识到，经典物理学中针对光是一种粒子这一观点所抛出的每个问题都是这一结构的必然结果，例如光的反射或被另一束光干扰的方式。一旦粒子有了相位，就不需要考虑传统的波。这并不意味着物理学家不再谈论波。波有时能以更简单的方式描述发生的事情或计算的结果，只是现在，它不再是必不可少的了。我们要牢记的是，物理学的目的并非是为了描述现实，物理学只是提供了一个模型，以预测尽可能与观察相匹配的结果。

量子时代　光即是……光

“我记得自己在探索物理学之初，曾这样问过教授：‘真正的光是什么？它是波？还是粒子？'”费曼叹息着。有时，费曼似乎坚决地认为光具有粒子形式。他写道：“我想强调的是光来自于粒子这种形式。知道光表现为粒子的形式是非常重要的，特别是对那些上过学还被学校教师告知光表现为波的形式的学生。我想告诉你们，光只是以波的形式活动。”费曼在他当时说话的情景下是正确的。他研究量子电动力学的方法也正是基于光是粒子的考虑，且非常适用。不过，他的措辞具有戏剧性，他并未说光就是粒子。

除此之外，量子电动力学还是一种量子场论。在某些方面，它既不将光视为粒子也不视为波，而将其视为一种场。这种场具有跨越空间与时间的一组参数。事实上，这就是目前大多数物理学家在实践中看待光的方式。

光既不是粒子，也不是波，也不是场的扰动，它就是光。它在我们不能直接观察或描述的量子级别上起作用。从镜子上反射的光并非击打在墙上的球或撞在障碍物上的波。这些都是宏观物体，让我们可以在头脑中对正发生的事件形成画面，但它们并非光的真实样子。光也不是一个场中的干扰结果，那只是一个正好可以得出可靠结论的数学方法。所有的观点都是人们为了解释问题作出的预测，科学家将其称为“模型”。有时，波模型更容易使用，有时粒子模型更容易使用。从数学观点上看，场的方法更通用，但却很难可视化。每一种方法似乎在特定的一些时候都是有用的，但没有一种方法可以描绘真实的光。

关于反射

要正确认识费曼方法的革命性本质，要正确认识光这种特殊粒子的行为的缘由，如希望将光视作粒子与视作波时所得出的结果一致且在某些情况下还能更好地预测实际产生的结果，让我们看看下面这个远在中世纪就蔚为熟悉的非常简单的光学实验——一束反射自镜子的光。在学校里，你可能会被告知，光束或“光线”以直线方式射向镜子，它会从镜子中以与入射角相同的（但相反）角度反射回来。这是一个有用的简化，但这并非真实事件的最好模型。

首先，光从镜子上的反射与球在墙上的反弹大不一样。入射的光子在镜子中被电子吸收，然后电子又发射出第二个光子。离开镜子的光与原来射入镜子的光并不相同。更重要的是，光子可以选取任何它喜欢的路径从 A 去往 B。例如，它能以不是对称的角度反射，在反射前到达镜子较靠边的位置，再以更小的锐角射出。光子采取这种方式的每一路径几乎都有相同的发生概率。那么，为什么我们看到的情况是光线从中间以相同的角度向相反的方向射出？

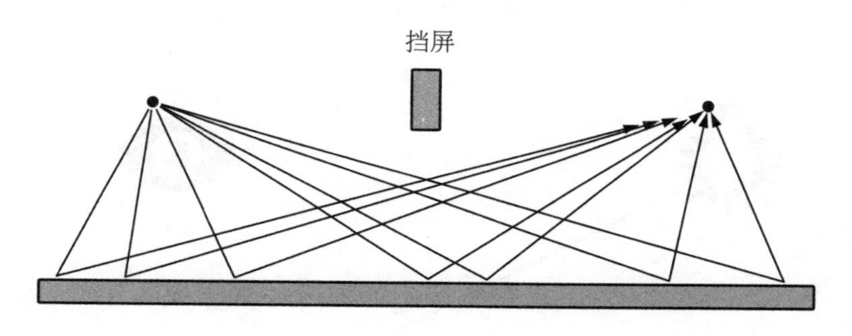

图 3　多路径反射

当反射发生时，多路径的反射结果与传统光线等角度反射结果是相同的。如果你将所有可能的路径作叠加计算，将相位矢量箭头纳入考虑，你会发现大部分的路径会互相抵消并形成我们最初期望的路径——以相同角度相反方向反射。然而，我们不能忽略一些更为复杂的情况。光从镜子的中间反射，如果我们将镜子的中间部分抽掉则看不到任何反射；如果我们将一些特殊排列的黑线放在镜子的一侧，黑线之间留下的路径只允许具有相似相位的光子通过，则反射再次发生。现在，我们如果继续用球在墙面的反弹经验来看待光射向镜子的反射问题，那将是一场噩梦。

从概率的角度出发，光子确实会出现在任一反射路径上。但实际情况是，通常我们不会看到这样的结果，这是因为相位的互相抵消所致。

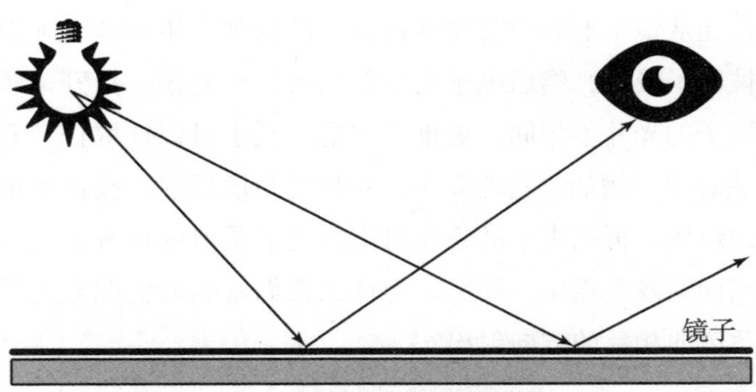

相同角度的正常反射

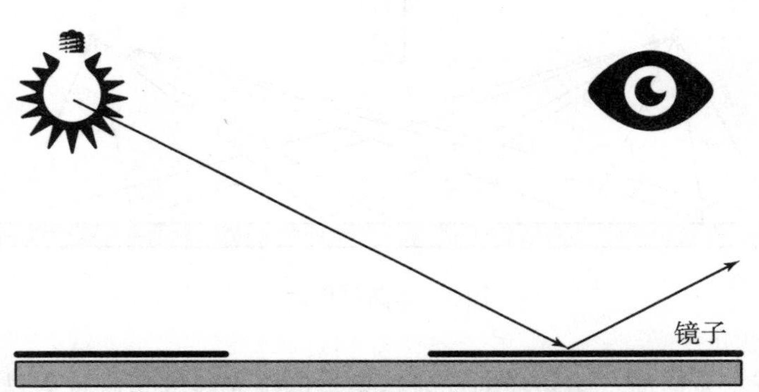

抽掉镜子的中间部分，我们什么都看不见

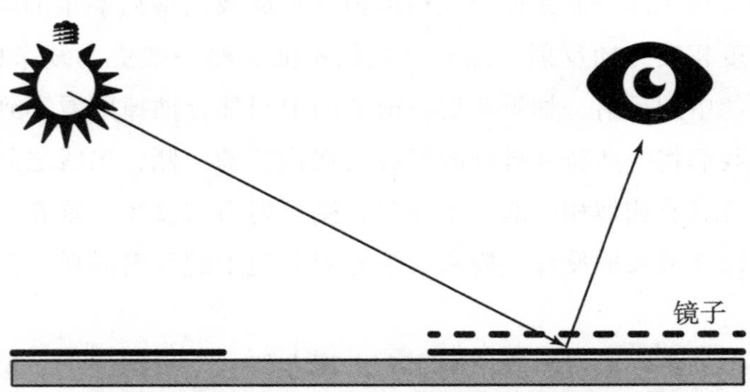

放置上部分黑线后，我们以奇怪的角度看到了反射

图 4　缺失镜面的反射

时量代子 走捷径

光的镜面反射方式为我们带来了另一个启示，似乎与宇宙一个非常基本的方面相关——宇宙是懒惰的。有时候，这也被称作最小作用量原理。例如，它会告诉我们球撞击墙面会选择的运动轨迹。在物理意义上，这一情形下的“作用量”就是势能差——在重力场中悬浮的受到地球引力的球所具有的势能——以及它运动的动能。球最终选取的那条路径会将这种“作用量”降至最低。相似地，光遵循最短时间原则，光选取的行径路线将使其在最短的时间内到达目的地。

似乎这总会涉及到光以直线传播的问题，而它确实也通常以直线传播。事实上，光也会发生弯曲。例如，当光线从空气进入玻璃或从空气进入水中时，会在此过程中发生弯曲，我们将其称为折射。在这种特殊情况下，最短时间原则有时也被称为海岸救生队的救生员原则，因为救生员可以完全理解最短时间原则。海岸救生员在选择营救落水人时，通常会选择在沙滩上跑更远的距离，以减少在水中游行的距离，从而使自己奔向落水者的时间最短。因为，即便是最快的游泳健将，他们在水里的行进速度也无法与陆地相比。与此相似地，从光的传播路径上分析，光在空气中的传播速度更快，而在水中或玻璃中的传播速度相对较慢。它遵循最短时间原则选择路径，故而产生了折射弯曲。

现在，我们来查看一下，看看光在通过镜子反射后从 A 点到达 B 点的所有不同路径。我们会发现，光经过镜子中心附近的路径（在图 5 中被标为 5—9 的那些），即为光从 A 点到达 B 点耗时最短的路径。距离中心较远的那些路径，光从 A 点到达 B 点的距离会逐渐增大。这也意味着，通过中心附近那些路径进行反射的光子，其相位箭头会指向较为接近的方向，光子相位在 B 点会彼此增强。随着路径越来越远离中心，路径长度增加的速度也会越来越快，通过这些路径的光子的相位箭头方向会越来越不一致，光子相位在 B 点彼此抵消的情况也会越来越显著。理查德·费曼通过对最短时间原则及其光子意义的思考，最终获得了研究量子电动力学的方法。

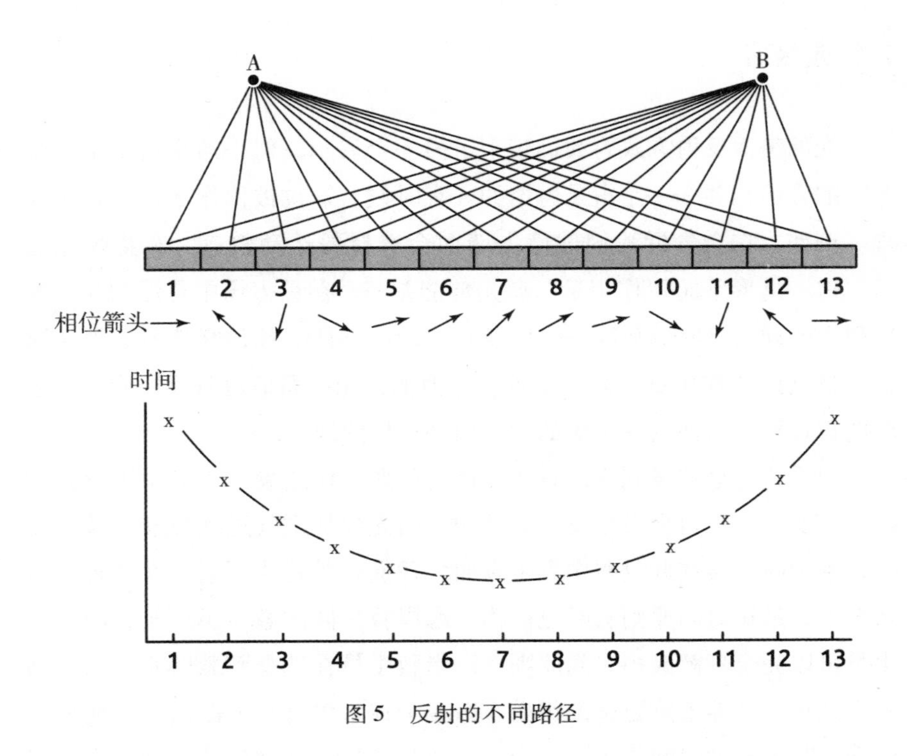

图 5　反射的不同路径

这就是为何我们认为光沿直线传播的原因，也是为何我们通常只考虑光子从 A 到镜子以及镜子到 B 之间的直线距离的原因。事实上，光子选取 A 到 B 之间任一路径皆有可能，甚至包括以相反方向运动。如光子去往巴黎，绕着埃菲尔铁塔旋转一圈，然后像一只喝醉了的苍蝇那样蜿蜒飞回。这些路线与最短时间原则相悖，一旦光子大幅远离直线路径，其相位指针也会大幅偏离直线光子的相位指针，它们被相互抵消的概率则大幅增加。而那些较为接近直线路径的相位指针则几乎指向同一方向并合并起来。直线并非唯一“真实”的路径，它只是其他时钟相互抵消后留下的那个。

时量代子 魔法镜子

在现实情况中，反射通常还会更加复杂（事实上，这也是真理，即现实情况总比物理实验更复杂）。在基本的反射实验中，人们通常采用单色光以简化问题。光的颜色取决于光子的能量。当光被看作波时，不同的色光会对应于不同的波长，不同色光的相位箭头也会以不同的速度旋转。这也意味着，不同色光在同一中心发生反射时，会以不同的角度发生反射，且相位会有效相加。如果我们通过移除中心点，并使用一系列被称为折射光栅的黑色线条（类似前面图 4 中的情况，但会存在多种颜色）来选择一些特定的相位，以强迫这些光子以奇怪的角度反射。那么，不同色光就会彼此分开。在现实中，我们将白光照射在某面具有黑色线条的这类特殊镜子上时，你就能看到彩虹。

这是任何人都能在家里做的实验，因为我们可以很容易地找到很多表面带有小槽的圆盘（CD、DVD），它们将起到类似黑线的效果。我们将白光从某一角度照射上去，就能看到彩虹效应。这正是量子电动力学预测的这种意想不到的反射的结果。

时量代子 杂乱不堪

我们也可以用费曼的方法，以不同的视角去看待量子版本的杨氏双缝干涉实验。我们用第 2 章中采用的方法得出结论——光子不具有位置。例如，在光子撞击到屏幕并被记录之前，仅仅只有波以概率的形式存在，这也是为什么光子在通过狭缝时，波可能会引发干涉。我们从费曼的思考方式可以得出结论——光子从光源到屏幕上被记录的点之间，光子可能选择任一可能的路径。

停下来仔细思考，这是多么地令人难以置信。提出“奥卡姆剃刀”理论的奥卡姆的威廉（William of Occam）一定会勃然大怒。他的理论认为，在缺乏其他指引的前提下，我们应追寻最简单的理论（更准确地说，“实体不应当不必要地增加”）。然而，在费曼的想象中，这是一个进行了无数次乘法运算的实体。我们得出的结论是，光子会有多个路径。打个比方，光子冲向太空，绕太阳旋转一圈后冲回陆地，再重新回到屏幕上。

然而，正如我们前面介绍的，在这个过程中的绝大多数的路径会互相抵消，或其概率低至可以忽略。尽管如此，如果我们设想光子会选取每一条路径运动，那么它就可以做到一切概率波所可以做到的，包括产生干涉条纹。严格地说，光子“一定”会选取每一条路径是不准确的，因为路径是附有概率的，而“一定”这个词似乎意味着百分百的肯定，会将我们置于得出错误结论的境地。认为光子会在同一时间出现在多个地方，但这其实是英语在描述量子问题时带来的麻烦，而不是事件本身的麻烦。按照费曼的方法，结果通常被描述为“路径和”（或被数学家称为“积分公式”，因为他们会为这样简单的单词感到尴尬）。而我们现认为量子粒子已经通过了任一可能的路径，只需要将其结果相加，但需要记住的是相位和概率必须纳入考虑。

量子时代 宇宙之胶

理查德·费曼发展而出的图表将永远与他的名字相联——费曼图。费曼图成为了今天在量子物理学中非常有用的工具，他引入了会与光子相互作用的颗粒。费曼的工作不仅解释了那些我们能够看见的光是如何与物质互相作用的，它还可应用于我们看不见的光。这些光即所谓的虚光子，永远无法脱离实粒子而存在的粒子。这对我们认识一些较难理解的事物极有价值，例如对原子运作原理的理解。

尼尔斯·玻尔（Niels Bohr）曾在普朗克和爱因斯坦关于量子的研究基础上提出过一个新观点：“电子被固定在一些轨道上且只能在相邻轨道间跳跃，并在这个过程中发出或吸收光子。同时，电子也会受到限制而无法与原子核靠得太近，毕竟电子带负电荷而原子核带正电荷。电子

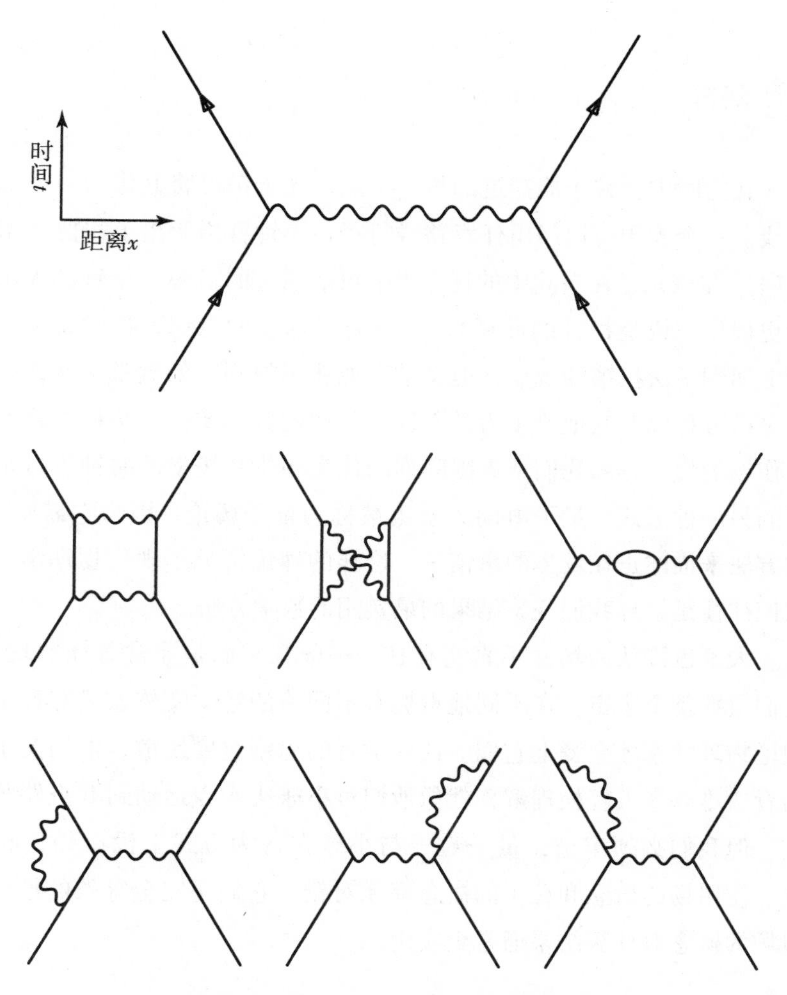

图6 简单的双电子相互作用的费曼图

会非常强烈地想要扎入原子核中。但在电子与原子核之间穿行的虚拟光子形成的恒定流动使电子与原子核之间保持了一定距离。”从某种意义上讲，你身体里的和你周围的一切的物质每一个原子，都会发出无法逸出的光，成为黏合物质的“胶水”。

时量代子 场阵

在空间中，粒子能穿过的每一个点，光子都可将其作为自己的行径路线。一个光子可以经由任意路线行径，小钟臂指示出了相位（指针的方向）和该光子在空间中的任一点上可能通过的概率（指针的大小，或者更确切地说是指针的面积）。一旦有了这样的意识，我们就在某种程度上回到了法拉第的观点，但又带有他从未想到过的数学实例，一个由薛定谔方程以及其他量子力学方程所描述的数学实例。法拉第将电和磁看作场的形式，而我们那无限阵列的代表相位和概率的时钟不过是描述场的另一种形式。量子电动力学也被称为量子场论，因为它需要“场”的方法来描述正在发生的事情——这样的理论常见于现代物理学，因为它们往往是解释我们观察结果的最实用的数学方法。

大家也许认为场并不真实存在——毕竟它们是非常奇怪的玩意儿。它们贯穿整个宇宙，在不同地点拥有不同值的数学实体，只有数学家或理论物理学家才会爱上它们。这些学者的思维过度发散，他们关于粒子的看法难以令人轻松理解，就像他们对小球从 A 点运动到 B 点路径的研究。但我们必须牢记，量子粒子与小球在行为方式上没有任何相似之处。使用场的概念和粒子的概念都无对错，它们是完全等效的模型——但场的概念对计算结果通常更实用。

时量代子 颜色问题

费曼图对于形象化理解粒子之间的相互作用具有重要意义。费曼图成为了计算粒子行为方式的主要工具，它为每张图分配相应的概率以产生一个总和结果。从原理上讲，这将是一个冗长的任务，因为不同的相互作用会有无限多种。但随着未知组合的增多，概率会快速降低并引入越来越多的虚拟粒子。这意味着，在一般情况下通常只需要了解费曼图中一两个层次上的细节，其他的就可以忽略了。直至今天，费曼图仍被人们在很多方面使用着。但在严格意义上，费曼图也存在一些问题。

具体地说，我们将图表的范围进行扩展，当我们超越电子和光子的范畴并将核粒子的相互作用也囊括进来时，问题就出现了。相对质量较大的粒子构成了原子的中央部分，它们包括中子和质子，而中子和质子又是由被称为夸克的三项基本粒子构成，由一堆胶子相连。对夸克来说，胶子相当于光子在电磁场中所扮演的角色。夸克与胶子在量子电动力学里的平行理论是量子色动力学（或称为QCD）。这个名字来源于胶子的三种不同“口味”：红色、绿色、蓝色。（胶子实际上并无颜色——这一概念是没有意义的，因为它们不能与光相互作用——颜色的名称是人们主观定义的。）

与无色光子相比，这种增加的颜色的复杂性意味着费曼图将会变得更加复杂，需要考虑的绝对数量将处于失控状态。以下面这个事件为例，2个胶子碰撞产生了4个其他（不那么有活力）的胶子，这也是粒子对撞机（比如大型强子对撞机）中经常发生的事。当这样的变化演变到可以忽略之前，我们需要对220张图表进行评估。这就导致了数以百万计的变量需要我们统计并计算。必须有一个更好的方式来处理夸克和胶子，但在21世纪之前，这种计算方法并未出现。

时量代子 物理学的宝石

20世纪80年代，一个线索浮出了水面。史蒂芬·帕克（Stephen Parke）和汤米·泰勒（Tommy Taylor）在伊利诺斯的费米国家加速器实验室工作时，曾提出了（更多地使用了一点猜测）用一个简单的数学表达式描述两胶子相互作用的图表的可能。这次灵感飞跃之后，又过了20余年，直到21世纪首个10年的中期，学者们才在基于英国物理学家罗杰·彭罗斯（Roger Penrose）发明的被称为磁扭线的数学工具上开发出了一系列快捷的工具——但在这个阶段，没人知道这些快捷工具起作用的根本原因。

直到最近，科学家们发现，这些快捷工具依赖于一个概念，这一概念有一个高大上的名字——格拉斯曼流形。这是19世纪发展出的一个数学分支，是三角形内部空间的多维版。在传统的三角形中，我们通常在二维中实现计算，其内部空间是由交叉线划分而成的区域。格拉斯曼流形则是多维的，其内部空间由平面交叉区分。处理粒子间的相互作用时，我们建立格拉斯曼流形，其维度与它涉及到的粒子数相等，格拉斯曼流形可用来描述散射过程。

计算散射幅度（描述粒子互动的方式）的最后一部分工作，也即过去费曼图所扮演的角色。这一部分工作要创建一个新的对象，一个“几何多面体”。这是一种被描述为“物理宝石”的结构体，它的内部汇集了格拉斯曼流形结构，以此生成了一个独立的对象，在其结构中编码了解决方案，其体积等价于散射幅度。例如，8个胶子相互作用的几何多面体可以勾勒出少数几条线，这就等同于500页的数学计算。这一理论在2013年才被发展起来，虽然目前尚处于婴儿期，但仅一个几何多面体就能表达上百页的计算，其强大性不言而喻。它能为我们提供一种更简便的方法，以取得使用传统费曼图计算无法获得的结果。

5 光与魔法

一旦我们对量子电动力学（QED）有了了解，光与物质之间的每次互动都成为了量子问题。

时量代子 让光永存

想想不起眼的灯泡。托马斯·爱迪生（Thomas Edison）和约瑟夫·斯旺（Joseph Swan）共享着发明灯泡的荣耀。他们可不会受光从何而来这一问题的困扰，他们思考的只是如何发明一个可行的产品替代老旧的危险的煤气灯照明。斯旺在纽卡斯尔泰恩河畔工作。1879 年，他比爱迪生提前几个月发明了灯泡。但更为狡猾的爱迪生知道如何利用专利的力量，他自己的专利一经获批，马上起诉了斯旺侵权。

有关发明的历史总是充斥着这样的情节。通常情况下，这一诉讼的赢家大多为富裕的一方，但这次法院认可斯旺声明的领先发明的有效性并站在了爱迪生的对立面。作为判决的一部分，爱迪生必须承认斯旺领先于竞争对手独立发明了可工作的灯泡。最终，他们勉强达成了共识，成立了爱迪生和斯旺联合电灯公司。这并非意味着爱迪生的贡献不重要，因为爱迪生在碳纤维基础上独立设计了灯泡，他发明的产品在使用寿命上要明显优于斯旺的产品。在今天人们的认知中，大多数人会将灯泡的发明归功于爱迪生，这显然是不公平的。

在灯泡这项发明中，爱迪生真正感兴趣的是如何让热灯丝发光且保证其灯丝不被燃烧掉。然而，与我们所熟知的其他许多电子设备一样，隐藏于这项发明背后的原理同样是量子过程——电子吸收能量后发出光子，并跌落至更低的能态。

时量代子 橱窗谜题

在爱迪生和斯旺工作的时代，白炽灯并未给大家带来困惑或谜题，但当大家逐渐认识到光是以光子的形式传播时，牛顿开始陷入了困惑。量子电动力学对这个问题的解释就显得非常有必要了，这个问题就是：部分反射。我们举一个简单的例子：玻璃窗。一块玻璃让击中它的光的一部分实现穿越，一部分反射回去。现实生活中，你站到一个玻璃窗前，通常可以看到玻璃另一侧的事物，也能看到自己在玻璃窗上的倒影。光既穿越了玻璃，又被反射了回去。具体地说，从你的一方发出的光被反射了回来，所以你可以看到自己的倒影。但店内的人们也可以透过玻璃看到你——所以，从你这一方发出的光的一部分也穿透了玻璃。

对牛顿来说，这是一个困扰他的难题，因为牛顿一直坚持光是由粒子或他所称的光颗粒构成。只有光是一种波，部分波穿越玻璃，部分波被反射回来的场景才具有可能性。如果光是一种粒子，则不会出现这样的情况，要么整个粒子反射回来，要么整个粒子实现穿越。令牛顿困惑的是，是什么"决定"了它是穿越还是反射，是什么造成了这样的差别。事实上，确实部分光穿越了，部分光反射了。

一个在当时较为流行的猜测是，这可能与玻璃的表面相关——也许玻璃上的一些地方比其他地方更粗糙，有更多划损。毕竟，牛顿时期的玻璃质量良莠不齐。最初，牛顿试图用一种可行的办法来消解这个问题——"我可以擦亮玻璃"。牛顿花了大量的时间制作光学镜片，这意味着要抛光镜片和镜子的表面。这样，镜子表面越来越光亮，粗糙划痕越来越细小。牛顿希望通过改变镜子表面的属性以降低因其镜面不平而出现的反射的概率。但事实上，反射仍然快乐地进行着。

在现实生活中，光反射的例子非常容易被人们察觉。在工作原理上，以这种方式分裂光子束的装置，我们将其称为分束器。但有时，这种反射效果也会给人们带来麻烦，例如，当反射发生在你的笔记本电脑屏幕或汽车挡风玻璃上时。光反射这一效果也被广泛应用于光学实验中、平视显示中、精确测量的设备中、某些形式的相机中，甚至还用于聚光灯的特殊反射镜。因为它可以减少聚光灯光束中的红外线，以避免红外线引起设备过热。

光束的分裂是一种纯粹的量子效应。为什么某些特定的光颗粒（或我们如今所说的光子）会发生反射而其他的光颗粒则发生穿透呢？这个问题似乎非常棘手，牛顿在自己的镜面抛光实验后也逐渐放弃了对这一问题的解释。事实上，在光反射或光穿透这一物理现象背后蕴藏的正是量子理论的概率本质。例如，我们可以说，一个光子有10%的概率在某一特殊表面发生反射。但在发生光反射之前，我们永不会知道哪一个特定的光子会发生反射。

时量代子 厚度很重要

当时，一个很难解释的现象是（除非你持有量子观点），玻璃前端的反射在很大程度上取决于玻璃的厚度。如果我们保持别的因素不变，仅改变玻璃的厚度，你会发现反射光子的百分比也会随之改变。我们可以用一种基于波的假设对其作解释，因为波可以穿越整片玻璃。相反，你如将光子视为点状粒子，这个问题就无解了——粒子无法穿越玻璃，所以它无法得知玻璃的厚度，它决定的反射就不会与玻璃的厚度相关。

幸运的是，今天，我们对量子粒子有了更多的了解，尤其是在量子粒子的概率波会随时间发生播散这个方面。在杨氏双缝干涉实验中，单个光子的概率波会受到两个狭缝存在的影响，而光照射玻璃时，光子穿过玻璃的概率波同样会受到类似的影响。这意味着，光子有概率从玻璃的背面发生反射，并回到玻璃的前表面。这时，如同杨氏双缝干涉实验，从前表面来的光子和后表面发生反射的光子的相位相加，其最终的值取决于它们的“钟”旋转的程度。我们假设只有一个光子参与实验，它并无固定的位置，我们可以对它出现的概率作计算。通过概率与箭头的面积分析，可计算出光子发生反射的概率。

实验证明：随着玻璃厚度的增加，光反射的量会逐渐增加到峰值之后再逐渐下降，直到玻璃的厚度正好达到两个相位箭头互相抵消时，反射量降低为零。此时，如果我们继续加厚玻璃，反射量的百分比会再次增加，逐渐达到峰值之后再次下降且无限循环。在实际过程所发生的事件中，光子有机会与玻璃中的每一个电子发生相互作用，电子会将光子吸收再以新的方向将其射出，我们将这个过程称为散射。当散射现象发生时，光子的各种概率和相位箭头相互叠加并抵消，最终将呈现为光子从玻璃前面反射以及从玻璃后面折射的效果。

这种效果在现实世界中通常具有装饰性作用。每当我们看到一些闪光的东西时，这样的事件就会发生。例如，你在地面上的油中看到的彩虹颜色。这是因为不同颜色的光子时钟指针速度不同，它们射向特定厚度的油的反射概率也各不相同。在实现生活中，用于人们观赏的那些闪光的珠宝或陶器釉，也都是利用了这种吸引人眼球的量子效应。

量子时代 量子骗局

量子电动力学在实际应用中的另一个例子是透镜。这也是我们在眼镜、望远镜、照相机，甚至人体眼睛中与生俱来的晶状体结构所应用的技术。镜头们干的事，就是欺骗最短时间原则。想象一下，一个光子，可以从我们观看的某样东西（如本页纸张）上出发，经过无穷多路径中的两条，最终抵达你眼睛的视网膜。其中一条可能的路径是物体到视网膜的一条直线；另一条可能的路径是光子向上远离直线，之后突然改变方向，来到视网膜的相同点上。

依据最短时间原则，我们知道，在直线上发现光子的概率更高，因为通常情况下这是光子行径的最快路线。光子本在一条合理方向的路径运动，突然改变它的行径方向，它被另一个时钟的相位箭头抵消的概率会大大增强。现在，我们将一些能减慢光子速度的魔法材料放置于半空并让这个材料的中心处最厚，使直线运行的光子由材料最厚的地方穿

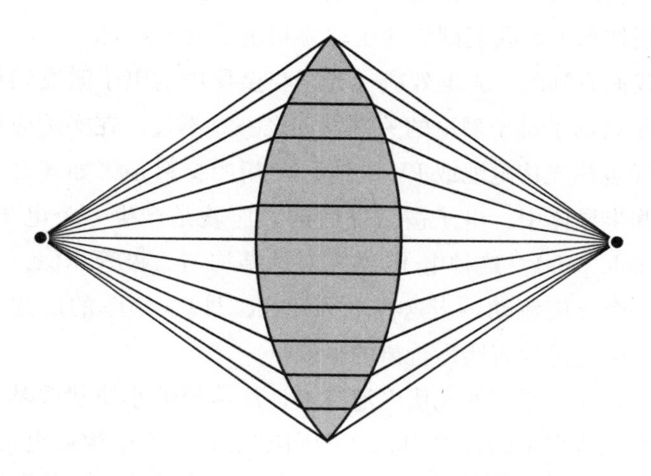

图 7 镜头：路径越短，光子在玻璃中穿越的时间越长

越。我们在其他改变了光的方向的路径上，将材料制作得更薄。这样实验的结果是，与之前未放置魔法材料相比，我们增加了光子通过直线路径产生的时间。

加入这种材料的结果是，我们有机会找出一个光子通过某条偏向路径的时间与其通过直线路径的时间完全相同。这样，两条路径均符合最短时间原则。又因为它们的行径时间大致相同，所以两条路径上的光子相位箭头会实现叠加。由此推理，光子有极大的可能同时选择了这两条路径并抵达了同一目的地。这样，光在目的地出现的概率会大大增强。通过这种应用，我们实现了光聚焦。通过最短时间原则以及相位箭头的应用，我们从零开始发明了镜头。任何一款镜头——包括你眼睛里的“镜头”——都是一个强大的量子装置。

时量代子 由光供电

要将我们使用的每个基于量子电动力学的量子器件进行编号是不现实的。因为，量子电动力学几乎适用于每一种发光体。这里，我们对太阳能电池板提出讨论。我们在第 2 章中认识了，光合作用这一过程依赖的是光和物质的量子相互作用，依赖的是一种量子催化的形式。而在光发电的这项技术上，我们则更加主动地利用了量子效应。

正如我们看到的，光电效应（光子将金属中的电子激发到传导层上的过程）是启示了量子理论的关键发现之一。不过，在实际应用中，太阳能电池（也称光伏电池或 PV 电池）使用的材料是诸如硅之类的半导体。在这些半导体中，电子被激发后的效应就是产生一个电子/空穴对（Electron/hole pair）。这种电子/空穴对的结构与二极管相似，它们使电流只能向一个方向流动。当这些电子/空穴对以大矩阵的形式结合起来时，就能产生充足的有实际价值的电能。

当下，存在一系列的光伏电池技术，从传统的小块状硅基太阳能电池板到印刷在薄膜上的印刷电池。印刷电池比传统结构的电池更便宜，但效率更低——它们将入射光转化为电能的量会更少。一枚常规的太阳能电池大约有 25% 的能量转换率；当代最好的（尚未进入商业化应用）电池能达到 50% 的能量转换率；印刷电池的能量转换率通常为 1%—2%，但它们的制造成本也较为低廉。

2013 年，媒体曾热炒过一个新闻。报道上说，播放音乐可使太阳能电池获得更多的电能，播放流行音乐比播放古典音乐获得的电能更多。这实际上是针对氧化锌薄膜电池特有的变种事件。通常情况下，这些电池能达到 1%—2% 的能量转换率，如我们构建能随声音而振动的氧化“发丝”，可将其能量转换率增至 2%—4%。高频率的光比低频率的光能转化更多的电能，类推，流行音乐相较古典音乐具有更多的高频率声音，故而可以增加更多的电能。但在现实生活中，其应用并不广泛。虽然对太阳能电厂而言，播放震耳欲聋的流行歌曲能增加能量转换率，但输出这些高频率音乐本身也会消耗更多的能量。不过，这项技术对于那些原本就很嘈杂的环境来说却非常有用（如机场附近），因为这种方式不会消耗其自身能量。

量子时代 移动量子写入……

下面，再举一个量子与我们生活结合的例子。不论你是以何种方式阅读本书，都需要利用光与物质的量子相互作用。也许你读的是本书的纸质版，也许你读的是本书的电子版，也许你是通过其他途径获得的本书内容（视频）。

写作作为一种交流的形式，是人类生活中常见活动的一部分。但它也是一种非常特殊的方式，因为写作不会受空间和时间的限制。陈列在我书架上的书：有来自史前以色列人的著作《圣经·旧约》；有来自古希腊哲学家阿基米德和亚里士多德的著作；有来自中世纪抄写员的《盎格鲁－撒克逊编年史》；有来自伽利略、牛顿的著作；当然，还有来自布莱恩·克莱格（Brian Clegg）我本人的作品。通过书架上的书，我能与活着的人交流，也能与逝者交流。

计算机和互联网将去空间化进行得更加彻底，电子邮件可以来自地球上的任何地方。互联网使我能挖掘不同地区和不同时代的信息。互联网上的写作，除了可以给我的邮箱塞满垃圾邮件之外，还可以带来更多的其他可能性。没有书面文档，我们就发展不出如今的科学体系——我们理解宇宙的唯一途径将变为口口相传的神话。如果没有跨越空间和时间的传递知识的方法（书面文档），我们就会不断重复地发明轮子（只是打个比方，玩个文字游戏）。而这一切都是基于写作的量子电动力学技术。

时量代子 从恒星到大脑

在传统的印刷书页中，从纸上获取信息传递到大脑看似一个非常简单的过程，实则蕴藏着强大的量子链事件。我们以此时的你正通过自然光阅读本书为例展开思考。数百万年前，高能量的光子由太阳深处的核反应释放而出。这些年来，它们一直透过恒星的密集结构寻找出路，它们不断地被恒星吸收，又发射出新的光子。最终，它们到达太阳那高达 5 500℃的表面，使太阳发出白光，每秒喷射出万亿光子。

这些光子在到达地球的大气层之前，几乎未受到任何阻扰。它们到达地球的大气层后，将被空气中的气体分子（主要是氮和氧）散射、吸收并以新的方向再次发射。高能量的光子更容易被散射，所以我们看到的圆盘形的太阳是未被散射的光子所表现出的较低能量的黄色，同时散射出的蓝色光子为整个天空染上颜色。未经散射与经过散射的光子互相混合，到达了你正在阅读的本书的页面，产生出白色的光。这些光子由纸张和墨水的原子所吸收，光子使纸张和墨水的电子跃迁到更高的轨道而提高其能量。在黑色墨水中，大部分的能量会用于加热分子，但对白纸来说，光子将被重新发射至你的眼睛。

实际上，其中的量子过程还要更加复杂，因为光子的路径会受到眼睛晶状体的重塑，这涉及到量子电动力学的光子吸收与重发射问题。光子在穿过眼睛内部的胶状物质到达视网膜时，会经历一个被吸收和再发射的过程。在视网膜上，这些光子会击中含有感光分子的特别细胞，此时被感光分子吸收掉的光子会激活一系列电子走上视神经之旅，直至抵达大脑。大脑会将混合信号转化为视觉图像。这样，纸上的那些奇怪标记就可以被我们阅读，并成为我们理解交流的手段了。

时量代子 电子词句

有关纸质书的案例我们暂且放下，结合实情，你在电子阅读器上读到本书的可能性也许更大。我首次写书时，尚无电子书这个词语的存在。而今天，电子书销售已占据了我图书总体销售的三分之一，这一比例或许还会继续增加。大多数电子阅读器都是在计算机或平板电脑上运行的软件，计算机或平板电脑使用传统的发光显示屏显示信息，如：我通常用以阅读电子书的 iPad。但还有一些专业的电子书阅读器，如 Kindle 或 Nook，它们利用电子墨水为我们显示信息。

电子墨水是一种被动的视觉技术。液晶显示屏会对眼睛发出光子，但电子墨水屏类似纸张页面，它必须等待来自于太阳或另一个光源的光子携带信息冲向你的大脑。虽然电子墨水显示的刷新率明显低于液晶显示且在图形功能上有较大限制，但电子墨水显示仍具有两个较大的优势：其一，它们不需使用能源来维持图像的存在，只需绘出图像即可；

其二，它们的反射率更低，更适合在自然光下使用。

通常的电子墨水屏会使用一层薄薄的含油涂层，涂层中浮动着明亮的白色二氧化钛颗粒。用于显示的像素是由上下一对电极控制，顶部电极是透明的。当电极充电，白色颗粒受吸引到达顶部，像素显示白色；但当颗粒被底部电极吸引时，它们又会掉落到底部。根据具体的不同技术，要么是把黑色染料溶在油性溶剂中，要么是直接使用黑色颗粒，且这些黑色颗粒与白色颗粒带有相反的电荷。所以，当白色颗粒被吸引到底部的时候，这些黑色颗粒会漂移到顶部。在薄膜上，对应每个像素都设置有一个相应的晶体管和电容，构成了一个“主动矩阵”。它采用了与大多数液晶显示器相同的寻址技术，以主动响应的方式确保像素具有正确的值。

时量代子 特殊光线

量子光学技术的应用是无止境的，涵盖着从电灯泡到电子纸张的所有领域。到目前为止，这些设备都依赖于光子和物质的简单交互。它们都基于相同的假设，即光子是同质的。但 20 世纪 50 年代的一项发现，使得以特殊方式利用光子来生成光成为了可能。电子产品用量子理论改变了我们控制电力的方式，与此相同的，刚刚提到的新技术将使用光子中一项已明确的知识，即它的量子性质，来产生一种前所未有的光。

一种可用来解码音乐、实施医学手术，甚至会杀人的光。

6 超级光束

1973 年初的严冬，两个 17 岁的孩子悄悄地接管了学校一个没人使用的储藏室。他们就像大多数 10 岁的小孩一样，在储藏室的门上挂起了牌子。但牌子上书写的内容却不像 10 岁小孩所为。牌子的内容是："不要进入！致命危险！极高电压！"两个年轻人正研究着有高危风险的实验。

时量代子 光之学校

我是一个 17 岁的孩子。那时，学校鼓励那些有实力进入牛津剑桥的种子学生提前一年结束自己的高中课程学习。将最后一年的时间留给大家自由发挥以集中精力应付大学的入学考试。但在最后一学年的第一学期快结束时，学校改变了策略。他们为了从政府那里得到更多的资助，想尽办法鼓励我们坚持到高中最后一学年的结束。

他们开设各种兴趣课程以吸引我们留下——让理科生承担起一些具有挑战性的项目。我和一个叫大卫·玻尔（David Ball）的朋友决定建造一个激光器。

在当时，这显然是一个极具挑战性的项目。毕竟，当时距离世界上建造出第一个激光器的时间仅有 10 年。我们遵循了发布于 1970 年某期的《科学美国人》中的说明，它为读者建造染料激光器提供了全程指导。

我们没有成功。最终，我们将时间耗尽也无能为力。我们的设备从未成功地发出激光。但通过这个过程，我们积累了不少建造科学设备的经验。我们搭建了染料室，它的端镜上有一半镀上了银，悬浮于精细可调的金属支架上。我们建造了一个高功率的闪光灯管，用来激发存在于一个厚厚的连接了空气泵并部分抽为真空的透明管中的残余气体。在它的输出上，我们用了一对巨大的电容。我们还将端镜进行了校准，这是建立激光器中最棘手的任务之一。

我们亲手打造的闪光管工作了起来——这是一个……真正从零开始的科学设备。我们制造而出的闪光非常棒，它让我们有种驯服室内闪电的感觉。实验中的巨大的灰色电容足有油罐般大小，它们是我们从曼彻斯特大学理工学院租借来的。如果不小心触摸到了电极，它所产生的电荷会让你立即死亡（我无法想象当时的学校竟会允许两名学生在无人监管的情况下摆弄如此危险的科技设备）。我不知道我们是否能让激光自身工作起来。因为，即便是该领域的早期工作者，也认为这是一项不平凡的任务。

时量代子 俄罗斯放大器

激光发展的起源之一发生在1954年10月的俄罗斯。亚历山大·普罗霍罗夫（Alexander Prochorov）和尼古拉·巴索夫在俄罗斯版的《实验和理论物理学》杂志上发表了一篇论文。该论文描述了一个尚未得到证明的理论，该理论基于1916年爱因斯坦提出的预测，即爱因斯坦开始专注于广义相对论前不久。俄罗斯人认为，基于爱因斯坦提出的预测，可选用一种合适的材料用作微波放大器，使光子的弱流倍增为更强大的光束。这个过程就是后来为人所知的受激辐射微波放大实验，其设备简称为——微波激射器。

爱因斯坦意识到的是，当电子被正确波长（在巴索夫和普罗霍罗夫的实验中正好是处于微波区域）的光照击中时，电子会吸收光子的能量并进入半稳定状态，类似于扳起了击锤而进入待击发状态的手枪。如果第二个光子正好撞上了仍处于这个状态的相同电子，这一电子将发射出两个光子，放大入射光。同时，发射光子的过程会触发电子向下回落两个能级。如果这一现象发生在反射腔中，光子就会出现持续反射，持续不断地穿过介质，反复击中电子并最终建立起一个同质的原子集合。这些原子的电子处于充能状态，随时准备在链式反应中同时发生能级回落，并产生光子流。由于此过程是同步的，所以它们的量子电动力学相位箭头会指向相同的方向并同步移动。

对爱因斯坦来说，这也许只是一个有趣的理论。但在20世纪30年代，一位俄国科学家瓦伦丁·法布里康特（Valentin Fabrikant）将这个想法更推进了一步。他渴望知道，如果存在一种与平常状态不同的材料，当这个材料的大多数原子都处于激活状态时会发生什么事情。如果你发射相同能量的光子穿过材料，将会触发大量的辐射，将原始的光放大（无论是可见光或是当时盛行的用于雷达的无线电或微波），直到一束更为强大的光束的出现。即通过大规模电子触发，产生出更强光束，这正是巴索夫和普罗霍罗夫在文章中所描述的观点。普罗霍罗夫在1955年剑桥大学法拉第社团组织的一次会议上描述了自己对氨气展开的讨论，这一论题让台下的某名观众惊讶不已。

时量代子 那是我的微波激射器

那名观众的名字是查尔斯·汤尼斯（Charles Townes）。他吃惊的原因是，在这之前他已制成了氨分子微波激射器。汤尼斯不知道，在西方，科学发现在期刊中的发表尤为重要。他以为自己已成为研究微波激射器的第一人，当然，他也只是强调在设备构建方面的第一。直到1955年8月，他也没将自己在微波激射器方面的工作细节发表出来，这给了普罗霍罗夫和巴索夫优先发表相关理论论文的机会。汤尼斯在第二次世界大战期间在贝尔实验室的雷达项目上研究微波。当局者需要越来越详细和精准的雷达反馈信息，这意味着需要使用越来越高频率的微波，频率可高达24吉赫兹（每秒振荡24 000 000 000次的波）。汤尼斯在研究中偶然发现，这一频率附近的光很容易使气体氨激活。汤尼斯曾希望自已有办法生产出当局者期望的这种高精雷达，但他在实际工作中发现空气中的水蒸气也非常容易将这一频率的波吸收，这必然严重影响雷达的效果。按照这个原理开发出的雷达系统，会受到空气中不可回避的组成成分的阻断，这项研究已失去了意义。

第二次世界大战结束后，汤尼斯接受了哥伦比亚大学的一个教授职位，并继续了自己对高频微波与氨类分子的相互作用的研究。此后，他与一位名为肖洛（Schawlow）的博士后共同工作。汤尼斯最初考虑通过给予额外的旋转能量激活氨分子，但这需要一个甚高频源，因此他最终选用了更为常规的振动激发。此时，24 吉赫兹的微波最为理想（从本质上讲，任何激活都会将电子推向更高能级。当这一情况在分子中发生时，会致使分子中某个原子的能量发生改变。这种能量的改变能致使分子发生量子化旋转或振动）。直到 1954 年的春天，汤尼斯与吉姆·戈登（Jim Gordon）一起工作时才成功制成了被称为微波激射器的模型，并准备向全世界公布。而此时，他却震惊地发现，普罗霍罗夫在剑桥的工作与自己惊人相似。

如果每个科学发现的背后有且只有唯一故事，即一个人或一个团队战胜古怪并找到其他人未曾想到的结果，那将极具传奇色彩和吸引力。但在现实生活中，一次科技上的进步通常伴有多到不可思议的贡献者（如上所述，我还省去了科学前进道路上的一些小突破）。两个或两个以上完全无关的团队在几乎同一时间达成同一科学成果的例子比比皆是。在上述特例中，区别是明显的——普罗霍罗夫首先发表了理论论文（科学上被认定为第一发现者的重要参考依据是论文的发表），而汤尼斯首先发明出了可行的装置。然而，之后不久，微波激射器的一位更有意义的继承者为我们带来了一个极大的争议。即使今天，谁先谁后的问题也依然处于争论之中。

时量代子 光的微波激射器

微波激射器是一种了不起的装置。即便氨分子微波激射器并未产出汤尼斯所希望的精确雷达，但它在辐射频率上无与伦比的精确性却即刻被应用在了原子钟的设计改进上。人们很快意识到，当它被应用到可见光时，这一概念会更加令人激动。此时，一场有关开发可见光的微波激射器的竞赛开始了。美国物理学家阿特·肖洛（Art Schawlow）和戈登·古尔德（Gordon Gould）参与了这场竞赛并进入了激烈的专利争夺战，以争夺成为第一个提出该概念的人。

肖洛和古尔德当然不是唯一朝着这一目标前进的人。其他人，包括：阿里·爪哇（Ali Javan）、唐纳德·赫里（Donald Herriott）、约翰·桑德斯（John Sanders）、赫伯特·康明斯（Herbert Cummins）、艾萨克·阿比拉（Isaac Abella）、杰弗里·加勒特（Geoffrey Garrett）、保罗·拉比诺维兹（Paul Rabinowicz）、史提夫·雅可布（Steve Jacobs）、欧文·维德（Irwin Wieder）、彼得·索罗金（Peter Sorokin）、沃尔夫冈·凯瑟（Wolfgang Keiser）、米瑞克·史蒂文森（Mirek Stevenson）、罗恩·马丁（Ron Martin）、瓦伦丁·法布里康特（Valentin Fabrikant）、法蒂玛·布特耶娃（Fatima Butayeva）、查尔斯·阿萨瓦（Charles Asawa）、本·塞尼斯基（Ben Senitzky）、埃利亚斯·斯尼泽（Elias Snitzer）以及威廉·班尼特（William Bennett），他们的贡献虽不如汤尼斯、肖洛、古尔德这三位主要发明者，但依然推进了科学的进步。虽然这份榜单中的具体人名对读者并无意义，但它告诉了人们，在科学史上向同一目标进发的同行者非常多。你能通过这个故事感受到科学竞赛背后的人们的狂热。他们中的一些人曾在肖洛和古尔德所在的企业中工作，而其他一些人则在全世界的大学和公司中辛勤劳动。

查尔斯·汤尼斯也曾与肖洛一同工作过。汤尼斯发现将现有的微波激射器技术向更高的微波频率发展非常困难时，在思维上跨出了创新。他猜想，在电磁频谱上上移一段较大距离可能会更加容易。1957 年，他开始构思被他称为“光学微波激射器”的东西。名称虽冗长，但“微波激射器”是他的宝贝。他希望任何的进一步发明都能与“微波激射器”搭上关系。汤尼斯构想出一个所谓光泵的点子，他使用选定频率的光进行光照实验。他试图推动气体分子中的电子到更高能级以改进微波的传播方向。汤尼斯认为，这种技术可以用于启动光学微波激射器的链式反应。

时量代子 贝尔的发现

同年的晚些时候，汤尼斯从哥伦比亚大学回到美国电话电报公司（AT&T）的贝尔实验室。在那里，他将与姐夫肖洛一起工作，组成激光族群的工作团队。贝尔曾经的伟大在今天已是一种褪色的记忆，但其公司在美国电信市场仍具有压倒性的优势。它可以为科学工作者提供大量资金用于基础研发。这无疑是最理想的研究光学微波激射器的处所之一。仅一年之前，正是来自贝尔实验室的科学家因晶体管获得了诺贝尔物理学奖。

汤尼斯、肖洛和他们的团队仔细且结构化地考察各种金属蒸气受激发射的潜力。这是非常有吸引力的，因为这些金属蒸气是激活状态的理想候选物，但处理金属蒸气的实际操作却比预期的棘手。同时，他们的团队还不得不设计出某种小室用作金属蒸气受激发射的地方。相较于可见光激射器，微波激射器制作更简单。我们只需在其上开一个简单的矩形金属口［微波波长大小般的洞（数厘米）］，即可让微波发出。但可见光的波长比微波小得多，这大大增加了设备的制作难度。

阿特·肖洛想出了一个解决办法。他建议使用法布里－珀罗腔（一个侧面打开的舱室），让激发介质的光进入腔内并在每一端安装上镜子。这样，发射的光将在镜面来回反射，不断重新激发内部的介质。只要镜子高度反光、完全平行且可反射多种波长，就搭建了一个优秀的激发室的基础。

时量代子 激光中的宝石

到目前为止，所有关于光学微波激射器的想法，全都集中在使用气体（金属或其他的）作为原料来产生受激发散之上。但贝尔实验室在晶体管上的成功，却强烈地提示了将晶体管纳入考虑的重要性。肖洛开始考虑使用某种透明固体来替代气体。合成红宝石已经用在了微波激射器上，因此，它似乎就是那个已明确的研究起点。随着系统科学观在贝尔实验室内流行，引发了大家对铬原子（通过向氧化铝中添加铬原子可以合成红宝石）的不同激发态进行研究，而在当时，人们对铬原子的理解并不恰当。通过巨大的努力，红宝石被研究团队放弃了。因为要让足够多的铬原子进入激发态而准备好被触发，这一过程是非常困难的。团队的研究也提示，红宝石会吸收过多的光能并以热量的形式消耗掉，而不是将这部分能量重新发射出去，以形成一种有效的受激辐射反应。

1958 年底，汤尼斯和肖洛在《物理评论快报》发表了一篇文章，文章概述了他们的光学微波激射器概念。贝尔专利办公室对此并不以为然，他们认为，光学微波激射器不具有实用性。不过，在一顿抱怨之后，他们还是为光学微波激射器在通讯中的应用提起了专利申请。贝尔实验室在看待世界时，通常会从通讯的角度出发，因为这是他们的专业所在。所有致力于光学微波激射器研究的科学家都认为，这一装置的前景令人兴奋。因为它使用的是光学区域的频段，这就意味着在一个“信道”中可以打包进更多的信号，但其前提是人们能制造出的光只包含狭窄的频率区段。而这种频带狭窄的光，正好是光学微波激射器从概念上能保证实现的。就当时的贝尔实验室所关注的方面而言，他们的科学家们已在竞争中领先了——然而他们自己对这场已展开角逐的竞争却没有丝毫认识。

时量代子 古尔德标准

在哥伦比亚大学的时候，汤尼斯曾寻求过一位研究生的帮助，这位研究生名为戈登·古尔德。他们讨论了光泵的问题，还讨论了一种特殊类型的灯的使用。虽然古尔德早就在考虑制作一个光学版本的微波激射器，但正是汤尼斯的意见促使他采取了行动。他们有着相异的性格：汤尼斯刻板、可靠且保守；古尔德像个革命派，惯于一张一弛地工作。古尔德曾试着涉足马克思主义，而这一哲学就如同一名妙龄情人，一直萦绕在他的心头。

古尔德曾提出，可通过使用平行反射镜在介质中产生重复穿过的光，以建立激发状态。而汤尼斯却只是将光学微波激射器视作一个源自低功率微波设备的变体。古尔德意识到，光在介质中无数次的穿行，可建立起越来越多的激发，最终产生一束强烈且集中的光束。他相信，理论上可以制造出一种光束，它的温度能达到太阳表面的温度（大约5 500℃）。它甚至还能压缩原子核，并使它们融合，就像太阳内部高温高压的环境中所发生的事件一样。

时量代子 激光获得命名

1957年11月，古尔德意识到，在充满竞争的科学环境中确立优先权是很重要的。他在一个表格里做下了仔细的记录，作为专利的证据，并为这一装置打造了一个全新的能迅速取代“光学微波激射器”的术语。古尔德的说明是如此开篇的：“激光——受激辐射光放大的可行性的粗略计算。”通常情况下，应当有一位同事在这份文件上签名。古尔德担心恶性竞争会令自己失去主动性，他并未找同事签名，而是将笔记本带去找了一位公证员（巧合这名公证员也叫古尔德）。公证员是美国的一类低级官员，他们可以主持宣誓并进行文件证明。公证员在古尔德的文件上加盖了印章，并标注了日期，证实他所提出的这一想法在时间上的公正性。

其实，在汤尼斯准备好专利申请书的几个月之前，古尔德就已经准备好了他的专利申请书，但此时的古尔德犯了一个关键性的错误。1958年，古尔德的父母曾给他介绍过一位专利方面的律师，不过在那次会面中古尔德中途离场了，这使他对专利方面产生了一个错误的认识。他以为在获得专利授权之前，必须建造出一个可用的模型机。古尔德曾在一个名叫技术研究小组（TRG）的公司短暂工作过，这个公司专门接收与国防相关的合作事宜。当时，古尔德在那里取得了一份工作——研究原子钟。在这项工作中，他可以将午餐和晚上的时间用于自己的激光项目研究。

最初，古尔德一直对自己的激光项目秘而不宣。可没过多久，他就被要求签署一份文件，文件中申明，在他为技术研究组工作期间必须主动放弃自己申请发明专利的权利。他不得不向公司提出申诉，他认为在这份弃权申明中，应当排除掉自己的那个已经初步成型的想法。公司同意了他的申诉，同时也希望能对这一排除掉的想法有更多的了解。起初，公司的人怀疑激光的价值。但古尔德是个优秀的思维推销员，在激光的前景上，他成功说服了公司。技术研究小组的创始人，劳伦斯·戈德蒙茨（Lawrence Goldmuntz）曾提议，建造激光是可以立项并从五角大楼申请资助的，这样一来，就意味着即便古尔德保留了专利权，公司仍然可以在这一项目的背后掌控大量资源。古尔德对他的一个装置大谈特谈，罗列出了其各种可能的用途。他说这一装置能够发射出一束密集信号通讯束，直达火星；这一装置还能制造出能量集中的光束，在金属上钻孔。汤尼斯和肖洛的论文发表一天之后，也就是 1958 年 12 月 16 日，技术研究小组的标书就向五角大楼飞去了，申请了高达 300 000 美元的经费资助。

时量代子 军事力量

当时的美国正处于对保守军队的一片批评声，因为他们对前沿技术缺乏重视。这一标书恰在最佳时机送达了五角大楼。苏联的斯普特尼克号成就了第一颗人造卫星，苏联炫耀着自己在技术上的优势。为应对这一事件的冲击，美国政府成立了高级研究项目局（ARPA）。ARPA 正是为了精准地资助，管理那些疯狂的具有前景的项目，如古尔德声称的激光。古尔德也配合地给出了回应，他称自己的设备在军事方面可以做到梦幻般的应用。比如，利用甚短波长确定雷达精度的优势，以制造出远超传统装备的超精密雷达；或者像科幻小说中所描绘的那样，将一个明亮的发光点投射在较远的敌人或军事装备上，以帮助武器锁定目标。古尔德认为，罗纳德·里根曾于上世纪 80 年代提出过“星球大战”的战略防御计划，激光也许可以派上用场，因为激光威力巨大，它甚至可以拦截导弹。鉴于古尔德提出的这些可能性，美国空军为这个项目赋予了“防御者”的代号。

古尔德的热情和远见卓识不仅鼓舞了 ARPA 团队，还带来了一个令人震惊的结果。在当时，大多数公司都习惯了在与政府机构合作的项目中被削减经费预算。古尔德的激光项目向 ARPA 申请了 300 000 美元的经费预算，实际上却获得了 1 000 000 美元的批复，但政府要求 TRG 研究小组必须超负荷地工作——多项技术平行开发，而不是传统的单线程逐项推进。

你的脑子已被列为机密档案

因军方极看重激光的应用潜力，当局决定，TRG 激光项目应被划归为保密项目。古尔德最关心的问题是自己获得专利权的可能性，现在，这种可能性几乎泡汤了。因为当某样东西的开放性被限制后，专利也就无从谈起了。为解决这一问题，研究组将关于激光的信息一分为二，将底层的技术从应用中剥离出来，使古尔德能在 1959 年 4 月进行专利申请。

20 世纪 40 年代，美国政府下令成立了智囊团 RAND（研究和开发的缩写），当古尔德和戈德蒙茨与 RAND 会面时，古尔德的涉密权限成为了最大的问题。古尔德、戈德蒙茨和 RAND 的科学家们坐在一起讨论古尔德送来的标书。这时，一位官员拿走了文件，他称古尔德尚未通过足够高等级的涉密安全调查，不能阅读该文件（美国当局对古尔德的政治偏向尚未定性）。可事实上，这份标书描述的正是古尔德的工作项目与他的想法。他被禁止查看自己的标书，这显然是荒谬的。古尔德立即受到了限制，不可进入 TRG 中那些开展激光研究的工作室。这些事件强有力地提醒着那个时代的政治特殊性。令古尔德无法通过安全调查的核心问题有两个：其一，他与妻子未婚同居；其二，在他的涉密安全审核中，古尔德蓄有胡须，蓄有面部毛发在当时被认为是颠覆分子的标志。

时量代子 红宝石回归

当古尔德和贝尔实验室的团队还在与官僚机构苦苦争斗时，又一名选手进入了该领域。休斯飞机公司是20世纪50年代美国国防部的主要合约商，该公司由隐士休斯·霍华德（Howard Hughes）成立，这位隐士也像贝尔一样沉溺于基础科技的研究，期望开发出新的产品。他们有一个“对微波激射器进行改进”的项目，用以实现更精确的雷达。正是基于这个原因，1956年，休斯公司从众多应聘人员中挑中了西奥多·梅曼（Theodore Maiman），梅曼是一名拥有电气工程学位和物理学博士学位的年轻人，同时拥有这两个学位的人是这个项目的理想之选。梅曼同时拥有理论基础与实践经验，他是可以将激光变为现实的人。

梅曼探索过基于红宝石构建的微波激射器的潜力，在这一过程中，他学到了很多关于红宝石的知识。他进行的是一项心细的工作，因为要完成这项工作，他必须用液氦或液氮对红宝石进行冷却。也正因于此，梅曼成为了红宝石的操作大师。梅曼对自己的研究热情度极高，他投入了大量的精力，研究如何将红宝石的铬原子推高到更高能级。他借用了汤尼斯发明的可见光光泵，想看看它是否对红宝石微波激射器有所助益……同时，这个光泵也激发了他思考如何制造出可见光的微波激射输出。

时量代子 愚蠢的安全

与此同时，那位最有可能获得成功的竞争者戈登·古尔德的全部精力正用在如何通过他的涉密安全审核上，尽管他拥有律师的帮助。其中关键的问题是，古尔德不愿供出曾参加过共产党的那些朋友的名字。古尔德的忠诚使得偏执的政府对他产生了怀疑，政府方面认为古尔德尽管披着资本主义的外衣且愿为国家的军工实业工作，但思想上或许仍有自由左翼倾向。不幸的是，古尔德的老朋友们并非全都和他一样高尚。名为赫伯特·桑德伯格（Herbert Sandberg）的人就试图努力撇清自己，他称自己与古尔德并无太深的联系。当古尔德即将通过涉密安全审核时，又迎来了一个爆炸性的事件，它将这场噩梦般的安全审核游戏又送回了起点。

在那个时候的TRG中，有多达20人正研究激光项目。激光就像古尔德的孩子，然而，他却连进入那栋办公楼也不被允许。那些研究人员也不能通过直接的方式向古尔德征求意见，只能通过询问间接的、回避性的、假设性的问题以实现沟通。古尔德甚至没有足够的安全权限阅读自己写过的话，因为他的笔记本也遭到了没收。到这时，事情已发展到白热化的程度。

量子时代 误差修正

肖洛认为，在将激发光能量转化为同质的激光束这一过程中，红宝石这种材料的效率太低。他确信红宝石不会给这一实验带来帮助。本来，针对肖洛的这一观点，古尔德或许能更早地提出反对意见。但他却因安全审核问题招致了阻挡，直到梅曼发现这一问题，并对此提出了反对意见。肖洛的观点主要来源于1959年6月的一次会议。在那次会议中，一名研究者对此过程的转化效率计算赋予了一个错误的值，当时的肖洛并未察觉。而正是这个小小的误差，使他在此次比赛中失利。与古尔德一样，肖洛的关注点都在那些理解时更容易但在应用时却更棘手的气体上，他尤其关注金属蒸气以及如何将这些蒸气作为激发材料进行使用。在1959年9月的一次会议上，梅曼也从肖洛那里听闻了他对红宝石材料的观点，基于他自己的研究经验，梅曼认为肖洛所关注的某些问题并不正确。

梅曼提出了两个具体的问题。其一，肖洛曾说红宝石不能激发出足够多的电子，因为强光会使晶体漂白。但梅曼认为，在此类晶体的光学特性中，漂白不同于洗白，漂白这个术语特指大多数或全部的电子处于激发态，这正是受激辐射的理想状态。从这个角度看，它不应成为将红宝石背弃如敝履的原因。其二，有人对红宝石的转化效率进行了计算，并以此辩驳红宝石的有效性。对此，梅曼也有异议。他总感觉某些地方不对劲，梅曼为此而烦恼。梅曼的上司被肖洛说服后不再同意梅曼的看法。但梅曼仍坚称红宝石值得一试，并最终赢得了这场争论。

令梅曼感到沮丧的是转化效率问题。如果，在泵入红宝石的光子中，大部分光子的能量并未发生受激辐射，那么这些能量被谁吸收了？或是发生了再辐射？没人能解释这些能量究竟去了哪儿。在贝尔实验室的工作中，肖洛放弃了红宝石。因为当时大家认为，只有在使用液氦进行冷却时，红宝石才能正常工作，然而液氦却是实验室的噩梦。梅曼知道，对于黄/绿和蓝/紫波段的光来说，红宝石是一种较强的吸收材料。然而根据会议中所提出的数据，这些波段的光的能量中，最终只有大约1%的部分会被用于引发受激辐射。

能量的去向似乎有两种主要的方式。其一，通过简单的散射逃逸。如蓝天的产生，以及让我们看见物体的那些效应。在这种散射中，受激发电子的能量会一直下降直至它最初的能量水平。电子将释放出与它吸收的光能相等的能量，而不会只下降到一个中间水平。其二，来自电子的能量被转化为了物质中的原子动能（材料会发热）。在量化能量是如何通过这些旁支路线发生损耗的时候，梅曼希望能发现比红宝石更好的材料，可以运用在激光之中。然而，事与愿违，结果令他震惊。

在实验中，梅曼发现，散射或发热现象并不多。最初，他猜测红宝石的实际转化效率应为70%，而后来的更精确的测量得出，这一数字应为90%。不幸的是，反对派在关键测量的步骤上大错特错，并将他们的整个战略构建于这一错误之上。在这个问题上，梅曼的那些上级们似乎更愿意相信贝尔实验室的结果，而不愿意采信梅曼的观点。按正规途径，梅曼已无法获得许可继续推进自己的实验。于是，他开始私下对红宝石激光进行研究。

量子时代 闪光解决方案

现在的问题集中在光源这个地方，实验需要足够明亮的光照射红宝石，以使红宝石内的电子跃迁到更高能级，并使这些电子处于能随时被激发的状态。弧光灯的亮度倒是够了，可它产生的巨大热量会损坏宝石，所以梅曼团队转而使用了工业领域的电影投影灯。这是一个高精度的实验，虽然他们还是需要准备冷却系统以避免意外燃烧，但亮度已得到了保证。在当时，在设计激光的时候，所有的设想都会假定激发光应当为连续的光束。但梅曼的助手查利·阿萨瓦（Charlie Asawa）却在那时探究着另外一种可能性，他希望利用脉冲光来激发激光材料。这看上去是个具有吸引力的想法，因为这一方式会出现间隙期，正是这一闪光的间隙期给予了灯管降温的机会，以避免实验过程中灯管过热。这个例子也诠释了，在科学世界，经常会出现意外的惊喜。

阿萨瓦有一个狂热的摄影师朋友，他当时正好购买了最新的快照工具。那时，夜间摄影需要闪光灯，一次性闪光灯会在高氧环境中燃烧掉一根镁条或者锆条，以产生强烈的闪光。之后，这个闪光灯就报废了。但阿萨瓦的这个朋友却买了一个当时最新开发出的电子闪光灯。这种闪光灯会在电容中充电，之后，将电子全部释放到一个充有氙气的低压管中。通电时，它会产生出刺眼的闪光并能重复发生，其闪光的速度与电容的充电速度相近，还无需更换灯泡。

就提供的能量水平而言，电子闪光灯产生的光似乎是非常理想的。这一设备容易控制，且不需要专业投影式灯泡配备的麻烦的冷却设备。不可否认，没人会想到，除了连续的光束外，激光器还能在脉冲光的作用下产生激光。这一现象至少证实了可见光激发辐射的可行性。梅曼决定试一试——这只需要休斯公司在常规工作中增加一个无关紧要的步骤而已。

1960年初，公司把他们的实验室从卡尔弗城搬到了位于马里布的新址。在生活上，这也许是一次极具吸引力的改变，但它却发生在一个不那么恰当的时机——在实验即将完成的关键时候，梅曼却不得不停下工作打包好他的实验室并完成搬家工程。幸运的是，肖洛和古尔德都在气体激光器上遇到了麻烦：比如，金属沉积物将玻璃结构的管子变得不透明；比如，他们需要寻找适当的光源来激发电子。这段时间，古尔德仍然无法插手到实验中来，无法以直接的方式为自己的项目出力。1960 年 4 月，古尔德在五角大楼全程参加了安全听证会，但依然没有取得任何有实质性的结果。

时量代子 激光诞生

在古尔德参加听证会的同月，梅曼终于可以实质性地进行红宝石激光的研究了。他采用了当时常见的螺旋形闪光管，并使一根装有红宝石的薄圆筒在螺管中滑动。红宝石棒的每一端都有银镜，但其中一端的银镜被刮开了一个小洞，这样，激光就能通过这个小洞发射出来。整个装置都被封闭在一个可供反射的铝壳中，既保护了科学家的眼睛免受强光照射，又使光可通过反射将尽可能多的能量导向红宝石棒。与气体激光实验所需的那巨大、笨重的仪器相比，梅曼的实验装置紧凑而整洁，仅有拳头般大小。

当实验模型搭建好后，接下来的，就是检测它是否能如预期的那样工作了。实际操作却并非听起来那么简单。红宝石会天然地发出红色荧光，不过这种光跟受激辐射并不相同，它不是同质的且也不会聚集成束。但这还是给梅曼带来了麻烦——仅产生了红光，还不足以说明这个装置就是在发射激光。因此，梅曼还得在自发级联辐射中进行检测。他要在窄小的频谱范围内找到一个孤立尖峰的存在，因为激光的频谱有别于那种相对松散的、断断续续的普通荧光光辉的频谱。截至 1960 年 5 月 16 日，他和他的团队才为他们的实验作好了准备。

与普通的科学实验相比，梅曼的这次实验过程更具有好莱坞风格。梅曼从相对较低的电压产生的闪光开始，在白色目标物上制造出了一个传统荧光照射的红色斑点。他和他的团队逐渐提升电压，进而使光越来越强烈，红点也逐渐变得更亮。当电压增加到一个数值时，光的输出量出现了暴增，示波器上测得的闪光的长度消失了，从屏幕上反射出的耀眼红色光点照亮了整个昏暗的房间。

成功来得如此意外。然而，5月16日的故事并未结束。梅曼必须将他的研究结果发表出来，但他的文章遭到了《物理评论快报》拒稿。部分原因归咎于他犯下的一个错误，他将自己的装置称为光学微波激射器。而杂志的编辑认为，微波激射器在当时已是过时的消息了。此时，梅曼给著名的《自然》杂志写了一篇动向快讯，并与滞销的《应用物理》杂志约定了时间发表自己的长篇论文（最终也可能会发表于别处）。意识到时间的紧迫，休斯公司安排了一场新闻发布会，准备在7月7日正式将激光公布在世界媒体的聚光灯下。

在新闻发布会上，主题事件的焦点被牢牢地锁定在了激光的潜在实用性上。记者们知道，今天的见闻将成为激动人心的头条新闻。为此，他们还激起了一场评论，讨论激光是否可作为射线枪的原型。梅曼试图阻止这场评论，但事实上，他无力阻止也无法保证“激光不会被用于战争”。对媒体来说，这已然足够。令梅曼感到惊恐的事情出现了，主流媒体的头条新闻开始大造舆论：“洛杉矶人发现了科幻小说中的死亡射线。”

时量代子 谁先成功？

虽然，贝尔实验室内部的某个小组还在一定程度上发出了吹毛求疵的（顽固地将该设备认作为光学微波激射器）声音；虽然，肖洛也因他们的设备无法正常工作而放弃了这项研究；虽然，某些人仍声称红宝石激光是贝尔实验室的点子。但毫无疑问地，梅曼是第一个发明激光的人。不过，贝尔实验室确有一个团队在同年的圣诞节之前，首次让连续激光在一种氦/氖混合物的基础上成功运行了起来（这项技术最终成为了超市扫描仪所使用的技术）。

就激光原理概念的专利权之争来说，古尔德（最终还是没能得到安全许可）于1964年成功获得了英国专利。但直到20世纪80年代，他的专利权才在美国得到承认。令人难以理解的是，在1964年颁发给汤尼斯、巴索夫和普罗霍罗夫的诺贝尔奖的致辞中却糊涂地提到了“微波受激辐射—光受激辐射原理”词句。尽管诺贝尔委员会通常偏向于将奖项颁发给理论学家而不是实验者，但这次在名单的选择上仍然很诡异。明显地，他们似乎更看重微波激射器，而对重要性更高的激光并未引起重视。

时量代子 一种新的光

在当时，人类所感知到的光都是混乱的。无论是来自太阳的光，来自被加热物体的光，还是来自火焰或灯泡中的灯丝的光；无论从哪个方向射来的光子，它们在相位上都是无联系且不规律的，因而成为了一个具有各种能级的混合体，进而拥有了各种颜色。在激光与微波受激辐射中存在着级联触发，这意味着由此二者发出的光子其能量是一致的，激光与微波受激辐射发出的是一束具有高度定向性的、近乎单色的射线。例如，激光器产生的光束，其中的光子能量等级是如此的一致，光束本身是如此的难以分散，以至于激光束在月球表面发生反射并回到地球时，它仍是一束相对集中的光子束。

梅曼的新闻发布会后，激光开始广泛受到人们的关注。人们的思绪转向了另一领域，人们开始思考这种新型的光如何使用。如果激光自身的不断发展是其生命史中引人瞩目的成就，那么，激光的应用方式则会将这种具有量子特性的光带向一个全新的领域。

7 让光干活

激光在新闻发布会上首次被宣布时，各大主流媒体已不可避免地将其与科幻小说中的射线枪联系起来。激光是一种非常强大的光束，事实上，它也很快会被应用于武器中。在《金手指》电影中，詹姆士·邦德（James Bond）使用了一台激光的原型设备，这台设备用红宝石发出的红色光束将黄金切割，就像切黄油一般。然后，这束光继续前行，无情地将无法动弹的肖恩·康纳利（Sean Connery）分成了两半。从史上第一个实验性激光装置被研发出来，到电影中詹姆士·邦德使用激光的原型设备为止，只经历了短短 4 年时间。

到这个故事出现之前，大多数的激光应用方式并未达到电影中的夸张效果。但毫无疑问的是，激光具有极强的应用潜力。思考一下，一束光怎能穿透黄金，并将间谍切割呢？我们可以回想一下，孩提时大多数人玩过的一个游戏——将透镜用作聚光玻璃。

时量代子 来自光的热量

我们习惯于享受阳光洒在皮肤上的温暖感觉，事实上，我们经常会遗忘这是皮肤感受到红外线所致（红外线的光谱频率低于可见光）。如果，我们用凸透镜以聚焦太阳的光线，我们的皮肤就不会只是感觉到温暖了——事实上，太阳光的能量会在凸透镜的作用下聚焦，致使木材烧焦、让纸起火。通常，物体受阳光照射时，入射到物体的部分光子会被物体重新辐射出来，这也是我们能在太阳光下看见物体的根本原因。这一过程中，那些没被重新辐射的光子会激发电子，被激发电子的能量最终会转变为原子的振动，原子即被加热了。如果我们使用透镜聚光，则会出现在某个较小区域能量迅速聚集温度迅速升高的现象。当这个较小区域的温度上升到可使受照射材料开始与空气中的氧气发生反应的程度时，在化学过程中我们将其称为燃烧。

有时，玻璃花瓶会聚的太阳光会使房子起火并引发火灾。这是玻璃花瓶的凸透镜效果引起的事件。事实上，与聚光玻璃点燃纸片相比，两者本无本质区别。我们回溯古希腊时代，当时的数学家、工程师阿基米德曾为他的城市提出过光学防御装置的观点。他曾提议，为防御罗马战舰的威胁，他们应在海港上建设巨大而弯曲的镜子。这些镜子将太阳光会聚起来，让进攻的战舰着火。如果战舰处于静止状态的时间足够长，且船只还使用焦油密封木材间的缝隙，这个理论或许确具可行性。虽然今天的我们知道，阿基米德的镜子并未被成功搭建。但从原则上讲，它们确实是战舰的第一条死亡射线。

激光产生的效果具有与聚光玻璃产生的效果一致且相近的原理。但与后者不同的是，激光的光线会聚更集中，即便是在相当长的距离上也不会分散。此外，激光的光子相位具有一致性，这促使激光可以将能量更有效地传递到撞击目标上。无论是用于熔化黄金还是医学上的眼部手术，激光都会在一个小的、可控的区域内快速提升温度并实现切割效果。当然，军队更关心的是，激光造成伤害的能力与发射距离的关系，如何将其应用为强大的武器。答案也许是肯定的……也许是否定的。

量子时代 死亡射线

正如戈登·古尔德曾说的，激光必然会以某种方式应用于军事。激光可应用在武器的瞄准设备上，作为一种视觉信号使传统的手枪或步枪在目标上投射出激光光点；激光也可用于引导炸弹，将炸弹投放到某个被红外激光精确定位的位置。如要将激光直接用作杀伤性武器，距离科幻电影中的经典射线枪仍存在较大差距。也许，最接近手持射线枪的那种装置，就是尝试使用激光使对手暂时失明的装置。可以确定的是，将眼睛直接暴露于激光下会导致暂时性失明。在医学上，甄别暂时性眼损伤与永久性眼损伤通常是困难的。事实上，激光极可能对眼睛造成永久性失明。因此，激光的这项应用也被认为是不人道的。鉴于此，自1998年以来，联合国“致盲激光武器协议”的发展一直处于活跃之中。

然而，该协议存在一个漏洞：它仅限制会造成永久性失明的武器的使用，人们依然有机会去部署某些以造成暂时性失明效果为目的的武器（因为这两者之间的界限非常模糊）。（我们可以将之与泰瑟枪作比较。泰瑟枪是被限制使用的非致命性武器，但“大赦国际”称，在2001至2012年间，全球总计有超过500人死于泰瑟枪。）

目前的激光设备尚不能达到我们所期望的科幻小说中的那种上乘射线枪的破坏力，它们的个头通常较大且难以随身携带。今天，虽然大多数激光武器仍处于研发阶段，但也不乏个例已接近部署状态，如美国海军的“激光武器系统”。这是一种舰载装置，它发射红外激光使无人机或小型船只瘫痪。还有来自美国的概念产品——机载激光。它被设计用以对地面目标施行“外科手术式”打击或摧毁导弹。这样的武器并非通过解体目标而发挥作用，它们通常会对目标表层加热造成应力破坏或者局部剧烈蒸发以产生破坏性冲击波实现战争目的。我编写本书时，大多数激光武器的制造试验皆因预算削减而停滞。激光成为战场上的超级武器，还有很长的路要走。

时量代子 用光融合

虽然，通过蒸发目标的表层来制造压力这一做法看上去很极端，但它却是激光最引人瞩目的用途之一：用在惯性约束核聚变之中。如果你去加利福尼亚劳伦斯·利弗莫尔实验室参观国家点火装置，你将能看到一个激光装置，它能让《007》中的所有恶棍感到骄傲：在两个巨大的，有10层楼高的大厅中，一束小小的初始光束正经历着转变为怪物的历程。

一束小小的触发激光以红外形式输出能量，这些能量分散导向了48个方向。这些子光束通过放大激光器，将自身能量放大100亿倍。之后，这些子光束被再次分裂并最终产生出192道光束通过巨大的主放大器，再次将能量增强100万倍，使总能量达到惊人的6×10^{12}焦。（这束闪光是如此之强，如同将5×10^{12}个传统灯泡的输出量浓缩在一个微小却又异常强大的同频光闪内，在几万亿分之一秒这样短的时间瞬间释放。）

这192道光束的能级被迅速提高并转换为紫外线进入反应室。在反应室中，这些光束会被聚在一个小小的氘/氚燃料的冰冻颗粒上。在光子与燃料颗粒撞击的瞬间，颗粒的外层蒸发并产生出强烈的冲击波压缩剩余的燃料，其压缩程度大至能引起核聚变的产生。写这本书的时候，此装置尚未实现最后“点火”。要实现“点火”，就要产出足够大的能量，这个能量甚至高于核聚变所需要的能量。尽管国家点火装置已能产出这个高能量，但受限于激光并非100%的能量转化效率，加之放大器等设备在实验过程中消耗的能量，最终作用于燃料颗粒上的能量大打折扣而难以实现“点火”。

激光激光，遍及八方

虽然气体激光器和晶体激光器在工业和军事用途中已非常普及，甚至还应用在了大家熟悉的超市收银台扫描仪上，但在特征上，它们与那些可能存在于我们家中的激光器（激光打印机、激光教鞭、CD机、DVD机和蓝光播放器中的激光器）还是有所不同的。人们家中的这些设备都是半导体激光器，与代表低能耗标准的发光二极管（LED）照明同属一个家族。半导体也能产生激光的想法，可回溯到1958年。但那时还没有任何激光装置被制造出来，直到1962年，最早的基于半导体激光器的可见激光出现了。这并不是现代晶体管激光器的真正前身，因为它只能以脉冲方式工作且只能在低温下运转。1970年，贝尔实验室和苏联同步开发出了现代化的室温半导体激光器。

这种新型的激光利用了一种被称为“异质结”的结构——半导体薄

层之间的界面，它在价带和导带上分布有不均匀的缺口。在半导体激光器中，通过将一个窄带隙材料插入两个宽带隙材料之间的方式，产生了一系列不同的变体。每一种都在事实上成为了一个特别版本的发光二极管。人们通常用某种光学谐振腔包围二极管，这一结构使得激光那特有的类似“瀑布”的级联特征得以实现，产生了相干光。这样的设备不仅比传统类型的激光更便宜，它们的个头也更小巧，以适应更广泛的不同种类设备。半导体激光器的销售量几乎达到了传统激光器的 1 000 倍，它们在大多数家庭和工作场所中随处可见。

时量代子 真实视野

激光还有另一项早期的应用花费了相当长的时间——全息图。事实上，全息图的出现比激光更早。在第二次世界大战之后不久，全息图就由匈牙利裔英国科学家丹尼斯·嘉宝（Dennis Gabor）发明而出。嘉宝从不满足于纯理论的思考，他总是希望将自己的想法实践。他在少年时期就自制了一台 X 射线机。尽管他最初的研究方向是工程学，但世界一流物理学家的影响却促使他转向了科学。

当时正值电子显微镜的起步阶段，嘉宝试图思考用以改进电子显微镜的新方法。他意识到，如果显微镜可以提供一个更宽广的视角，那么，它的图像质量和效果将得到提高。虽然这一想法后来被证实是不切实际的，但它却促使嘉宝走上了另一条道路。嘉宝发明了一种照相技术的新方法，将光视为一个真实的物体，从不同的方向看不同的视角，而不再局限于平面图片。

全息图背后的秘密，也就是嘉宝所设想的秘密，即可随观察角度变化而变化的三维图像。其要点是：思考观察照片与真实场景之间的区别。想象一下，有两个并排的窗户，其中一个是完美的城市景观照片，分辨率极高以至于与真实的事物难以区分；另一个则是一个普通的玻璃窗。你能很容易地发现这二者之间的差异：随着你的走动，普通窗后那些物体会因距离的不同而引起视差，这会让它们看上去似乎在相对移动。比如，当你站在窗户的某一边时，你可以看到某个先前被另一物体遮挡的物体，因为从这个物体传来的光不会再被中间的物体遮挡。而在平面照片上，这样的事情绝不会发生。

我们再来想想玻璃窗的表面。窗外那些不同的物体传来了不同的光子，它们以不同的角度不同的时间射向玻璃窗的表面。照相这一过程所做的，就是在特定的点汇总光的强度和颜色。设想，假如你能捕捉撞击到玻璃窗表面的每一个光子的信息，在完成光子捕捉后将窗户移位一段距离。此时，如果你还能激发这扇窗户，使其再次产生出相同的光子，那么，你将在玻璃的平滑表面上得到一个真实的三维视图。

这就是全息图的工作原理。为了让大家理解更简单，可以将城市景观换为孩子的玩具。玩具被单色光照亮（如绿光，以匹配早期的全息图），从玩具上反射的光会抵达玻璃窗的表面。

光子不仅具有强度和方向，它还有相位——但当我们使用摄影胶片时，只有强度信息能被捕捉到。试想，如果我们从同样的方向将另一束光直接照射到玻璃窗的表面。玩具传来的光和另一束直射光会发生干涉并产生干涉图案。干涉图案保存下来的信息远远超过正常照片，如果我们有办法存储这一干涉图案，并能使用这一图案重建从玻璃里流出的光子流，我们就能重建三维图像。

在嘉宝的构思中，它们全都停留在假设阶段，因为要使这些假设成为现实，这些光子必须具备一个前提条件——它们必须在相位上相关联并具有相同的能量，否则就无法产生预期的干涉效果。优质的滤镜可以产生相对单色的光，但对光子相位却无能为力，直到激光的到来。因为激光可以发射出一致的光，所有光子同步激发。在第一束激光诞生后，仅仅用了 4 年时间，密歇根大学的埃米特·利斯（Emmett Leith）和朱瑞斯·乌帕特尼克斯（Juris Upatnieks）就制作出了首个真正的全息图。嘉宝的那些假设都变为了现实。

我还记得自己第一次参观被称为“光之梦幻”的全息图大展览，那些最早的全息图于 1977 年在伦敦皇家学院进行了展出。从某种意义上看，这些图像都是平凡的。它们就像是透过层层叠叠的模糊小窗户去看那些用闪亮绿光照亮的物体。但同时，在某种意识态的量子叠加中，你会意识到，那里并没有物体存在。然后，当激光突然中断时，你会发现这些三维图像是一种虚幻的错觉。你看的只是一块玻璃，上面有一个毫无意义的由斑点组成的图案。

时量代子 一个破碎的幻觉

想想我之前提到的“窗户旁边的图片”实验，它给了我们另一个启示，可以洞察全息图的本质以及它是如何区别传统照片的。想象一下，我把两个“窗户”的大部分都抹去，只分别留下两个窗户左部最顶端的部分。这是一个2平方厘米的正方形的可见区域。就照片而言，我们几乎失去了其包含的所有信息。如这个正方形区域所显现的只有蓝天，我们从这个区域中看到的也只能是蓝天。在这个区域中，我们无法看到城市的全景。

就玻璃窗而言，结果就完全不同了。当然，如果我站在摄影师拍摄照片的位置，我只能看见天空中的一个蓝色方块（与照片相似）。但如果我站立起来，靠近窗户并四处移动，我将能透过窗户从不同的角度观察到玻璃窗外的大部分城市景观。虽然，通过某个极端的角度，我也许还能看到玻璃窗外的所有景象。但绝不会有之前完整玻璃窗呈现出的完美的三维景象。因为现在的我只能透过窗户上的这一块极小区域进行观察。全息图也是如此，如果全息图的某角落遭到了损坏，与传统照片不同的是，我仍能通过余下的全息图看到整个景象的信息。

在这个案例中，虽然击中全息图小方格的光子会减少，图像会变得暗淡。但与传统照片不同的是，任何一块全息图都包含了比传统照片更多的信息，使观众能重建之前可见的整体图像。

时量代子 基于反射

客观地说，在全息图技术出现之初，人们几乎不知其用途，相对而言，人们却能更容易地推想出激光的用途。实际上，全息图最有价值的应用走向了两个不同的方向——防伪全息图和全息数据存储。

通常，最常见的防伪全息图是反射型全息图，即你能在信用卡、借记卡上、一些华丽的纸币、高档产品上看到的东西。此种情况下，全息图的干涉图样被铭刻在了金属箔上。虽然这一方式并不能产生一幅真正的全息三维图像，但它还是利用了一个巧妙的方法，避免观察者看见一个斑点状的干涉图样。

反射全息图通常拥有两层或两层以上的结构。每一层都反射一部分光，正是这些不同层间的光反射产生了干涉图案，使全息图像脱颖而出。有时，人们认为这些安全标签并非全息图。那样的说法是错误的——虽然它们不会产生真实的三维图像，但它们确实是全息图。事实上，全息技术并不专指产生传统的视觉全息图。

还存在一种全息图的特殊变体，我们可以用白光对它们进行观察，我们称其为彩虹全息图。其名称的来源，是因为这些图像看上去有不自然的、像彩虹七色那样的色彩排列。这一全息图像虽然是以普通方式产生的，但其产生过程通过了一个狭窄缝隙。当光透过全息图进行传播时，光的不同波长会使图像的不同部分显现出来——所以白光会产生整个图像，但同时也会显现出不同颜色组成的条带状图案。与大多数全息图一样，彩虹全息图也需要有光源的存在——为了使它们可用于安全标签，它们的背面均贴有反光材料（光从前方穿过全息图后被反光材料反射回来，并再次穿透全息图）。

量子时代 三维存储器

毫无疑问，全息防伪标签得到了广泛应用并具有较大价值。但从量子技术的角度看，它并非我们期待的那种激动人心的应用。全息图的另一种应用则达成了我们的愿望——全息数据存储。随着我们的计算机越来越强大且遍及四处（你口袋中的电话也是一台尖端的计算机），我们对存储空间的追求也越来越高。在曾经的胶卷时代，我们通常只会拍摄数量有限的照片；而在数字时代，我们可以一次拍摄上千张照片。这就是高存储空间为我们带来的好处。

与此同时，我们在音乐和视频方面的存储需求也在爆棚式地增长。曾经，激光应用为我们提供了数据存储办法——在光驱中，激光可将记号刻录进可读写的 CD 和 DVD 中。今天，它们已渐渐消退，如同那曾经无处不在的软盘驱动器渐渐从我们的计算机中退出。随着我们对互联网的利用，我们将大多数资料存储在“云”中，硬件制造商们也开始逐渐抛弃光驱。事实上，“云”只是一个概念。我们的文件、图片、视频和歌曲消失在了那白色蓬松的团块中。“云”的真相，就是大型数据中心。在那里，信息依然储存在传统的磁盘驱动器中。虽然我们今天的便携式设备通常将信息存储在固态存储器中，但大型数据中心采用的传统的磁盘驱动器（在大规模生产时会更便宜的磁盘）是针对大容量储存需求的唯一可行的解决方案。

然而，这一类存储需求也在不断增长，消耗了越来越多的空间和能量。例如，当摄影云网站 Flickr 给每个用户初始提供 1TB 的免费存储空间，随着时间推移，数据中心的存储空间会面临不可避免的超负荷运转。全息图则拥有解决这一问题的巨大潜力，尤其是针对歌曲或视频拷贝这类极少发生数据改变的信息。因为在实质上，全息图是通过高度压缩来存储大量数据的。通常来说，它存储的信息是用以重建三维图像的复杂信息，但这并不意味着它不能应用于打包传统的数码数据。

目前，全息存储概念仍然是理论多过实践。全息存储并非平面的如我们在视觉全息图中体验到的干涉图，它是一个立体晶体，它将信息存储到材料内部的数千个平面上并有效地将全息图堆积起来。如果我们可以准确地掌握这种方法，相较于传统磁盘驱动器就具有了三个巨大的优势。

其一，晶体更为稳定。传统磁盘中有一个磁头，它悬浮于一张非常精密的磁盘之上。磁盘与磁头之间只有不到一根头发丝粗细的距离，磁头在磁盘上方以接近波音 747 飞机的飞行速度移动。毫无疑问，它们是非常精密的。全息晶体这一设备内部没有可移动部件，故而它的工作更稳定。其二，容量巨大。传统磁盘是二维的。虽然如今的驱动器已非常薄小，但它们仍然无法与全息晶体相比较，后者可以在同样大小的空间中堆叠千万个层面。其三，速度优势。传统磁盘的磁头移动位置需要时间，以线性模式单一地响应磁盘上的磁信号也需要时间，这在一定程度上限制了它的运行速度。而在全息图中，数据可以并行访问，它能在同一时间读入更多的数据，并能以接近光束进行位置切换的速度作数据读取位置的切换。

全息存储也存在缺点，与传统磁盘的写入速度相比，它更慢。故而，当全息存储的实用性、稳定性及商业化的各方面的重要技术问题得到突破，新一代的数据中心将运行在一种协同混合模式之下。传统磁盘将用于存储那些会频繁改写和变化的数据。而那些少于改动的数据则可转移到全息存储之中，读取这些数据的速度将迅速提高。你创建的临时文档，也许在几个小时之内被连续编辑了多次之后被删除。那么，完成这样的工作更需要的是传统磁盘。如果我需要读取的绝大多数文档在长时间内未被重新编辑过（如照片、音乐、视频），则全息存储更适合作为我们的首选。

量子时代 真实的世界影像

我们希望将全息技术发展到真实的全息照片上。有了全息照片，报纸、计算机，或家庭相册里的图片将会呈现出立体的清晰效果。它们既不是早期全息图那样的单色模糊照片，也不是传统 3D 摄影照片。它们仿佛带有从硬纸板上剪裁而出的怪异感觉。传统 3D 摄影技术可向前追溯到维多利亚时代，它通过在每只眼睛的前方放置不同图像来实现立体感觉。这种 3D 照片（或 3D 电影）中有了第三个维度，但人们并不会认为它们就是真实的三维世界。

除非在全息技术中出现重大突破，否则，我们难有机会见证上面所说的进步的。激光与生俱来就是单色的，而全息图需要使用激光来照亮图像。这也意味着，目前尚无全息图可在自然光中被捕获，它们也不能携带自然的色彩。没有任何演进性进展可使全息图能真实地临摹我们可视的世界——尽管科幻小说中经常将移动的三维图像描述为某种先进形式的全息图。

时量代子 辉煌的钻石

钻石光源所发出的光与激光截然不同，它发出的光会脱离量子光世界这一范畴。这一光源目前在牛津郡的乡下干着不同寻常的活计。也许，位于日内瓦欧洲核子研究中心的大型强子对撞机（LHC）大家都耳熟能详。但如果你知道了位于哈维尔的钻石光源（就像 LHC 的微型版本），你会感到震惊。从量子的角度看，它使欧洲核子研究中心的工作看上去成为了明日黄花。

大型强子对撞机可将粒子推动到接近光速的速度。它们承担的工作通常被描述为粒子物理学，而不是量子物理学。它们的区别就像是动物学与生物学之间的区别。与生物学相似，量子物理学给予我们量子粒子行为方式的基本原理，而粒子物理学则告诉我们粒子动物园的细节，正如动物学让我们明白每类具体动物的细节一样。粒子物理学家研究的所有粒子都是量子粒子，就像动物学家研究的所有动物都是生物。

上个世纪中叶，人们建造出了粒子加速器，并用其承担一些残酷的科学研究。它们让粒子彼此高速冲撞，并观察其结果。就像使用大锤去敲击机械钟表，并用慢动作回放机械钟表零件飞出的过程，进而弄清它们的工作原理。加速器的工作可使我们接触到一些粒子，一些在其他情况下无法看见的粒子。在使用加速器的早期，人们发现这些巨大的机械实验室还会带来一些副作用：20 世纪 40 年代，当初期的加速器（被称为同步加速器）被建造出来时，人们发现这一装置会输出大量的电磁辐射（或者说，这种装置在发光）。

同步加速器在一系列强力电磁铁围绕着的电圈周围发出高速脉冲，定时提升带电粒子的能量（在早期的机器中，带电粒子通常是电子）。为了实现环形运动，电子必须被加速。速度由速率和方向二者构成。即使某物体维持速率不变，当它被推入一个环形轨道时，方向的改变也带来了速度的改变。曾经，尼尔斯·玻尔在试图揭示原子的结构时发现，电子在被加速的过程中会释放出光子。在同步加速器的实验中，如果缺少了磁铁带来的引力，电子将会迅速失去能量。

对早期的研究人员来说，“同步加速器辐射”是一种废弃产品，是多余的副产品。但偶然情况下，它也是有用的。我们可用生活中的马麦酱举例。在啤酒酿成之后，会留下一些黏黏黑黑的泥土样残留物。啤酒制造者并未将其扔掉，而是用其制成了一种具有有趣味道的食物——马麦酱（还有澳大利亚的维吉麦）。它们本应是废弃物，却凭其自身条件成为了有价值的东西。

最终，同步加速器建立的目的仿佛只是为了产出这些爆发辐射。英国的第一台同步加速器被建立在柴郡达斯伯里，后由哈维尔钻石加速器替代。除了尺寸和灵活性外，相对其前辈，钻石加速器的最大进步是有了波荡器和摇摆器。这些连续的交变磁场电磁铁，使电子形成了一种正弦波动相。波荡器产生出一种紧密狭窄的振荡，由此生成窄带的辐射，而摇摆器则产生出更宽的波。

在钻石加速器的主储能环周围是平行的光束线，这些辐射出来的光束会进入一个被称为鸟笼的地方。鸟笼这个名字并不浪漫，但却是实验进行之所。在钻石加速器那大到45 000平方米宽广的面积（相当于8个圣保罗大教堂的面积）中，装备了20余条光束线，它还为未来预留了40条光束线的空间，以适应后期升级配置。根据环上所处位置的不同，这些光束线可以产生出红外线、可见光、紫外光或X射线。

量子时代 黑盒子的内部

在某些应用中，一些其他设备也能实现钻石加速器这类同步光源的相似效果，但它们相比同步光源还是稍次一些。例如，英国的父子团队，威廉和劳伦斯·布拉格（William and Lawrence Bragg）发明了X射线，并将其应用于晶体结构的确定。这一过程也是量子现象的一种应用，它通过间接的方式揭示物质结构。但它与同步光源相比，还是稍有不足。

想象一下，如果你有一个平凡的如鞋盒般大小的盒子，整个盒子上密布着许多无规则的小洞。你渴望发现盒子内的结构，但却因无法打开盒子而苦恼。你唯一可以做的是，将一个小球扔进盒子上的一个小洞，观察小球会从哪里落出。通过不停地变换盒子的角度，重复这一实验，并使小球经过盒子上的所有小洞。这样，你就可以为盒子的内部结构建立起某种图像。X 射线晶体学就与此类似。

X 射线从不同的角度射入晶体。在晶体内部，X 射线的光子会被原子附带的电子吸收并重新发射。这些重新发射的光子将在晶体的晶格中与其他不同方向来源的光子产生相互作用。受晶格间距的影响，光子的相位会出现加强或相互抵消的效应。故而，当 X 射线最终从晶体中射出时，它们会形成一幅由明暗标记所组成的图案。通过将不同方向产生的数以千计的图像作组合分析，就可推演出晶体的结构。

这正是罗瑟琳·富兰克林（Rosalind Franklin）制作 DNA 衍射图的方法，也是克里克和沃森推导脱氧核糖核酸结构的方法。在实验室中，这项工作非常耗时。钻石加速器则可以给我们带来惊喜，卡迪夫大学的皮埃尔·里兹克拉（Pierre Rizkallah，晶体学家）和戴维·科尔（David Cole，生物学家）的工作就是典型的例证。2013 年，它们利用钻石加速器研究 T 细胞。T 细胞即白细胞，他们是血液中的“警察”，负责破坏细菌和其他入侵者。

T 细胞具有独特的能力，可以检视另一个细胞内部所发生的事件。T 细胞通过自身表面一种被称为 T 细胞受体的具有特殊形状的蛋白来实现这一功能。这些蛋白锚附于另一类被称为 MHC（主要组织相容性复合物）的大分子复合物。MHC 从细胞体内向外突出，根据细胞内部构成的不同而有所差异。T 细胞可以通过 MHC 的形状以及 MHC 与某一个来源于 T 细胞受体家庭中的受体蛋白的适配程度，来区分身体中的友好细胞和入侵者。

但在某些时候，这个过程也存在不足。T 细胞会对它们无法识别的细胞（即便是友好细胞）进行攻击，如患者刚进行了器官移植手术。T 细胞有时无法发现它本可以破坏却并未破坏的细胞，如癌细胞。癌细胞的 MHC 分子太接近于正常的友好细胞，以致 T 细胞难以识别二者的差异。里兹克拉和科尔所做的工作，就是采用 X 射线来研究 T 细胞受体的形状，以及它们如何与 MHC 分子相联。如此，他们就能修改受体，使其能锚附于癌细胞上，同时又不会与那些与癌细胞具有相同组织来源的健康细胞发生锚附。如果这点得到实现，他们只需提取一些病人的 T 细胞，将其修改后在癌灶处重新注入，以拥有靶向性的癌症杀手。

使用传统方法实验，他们会遭遇一个棘手的问题。在实验室中进行一次曝光，通常需要 8 个小时的时间，因为复杂的结构会使成像非常模糊。事实上，仅构建一个结构的信息，就需要成千上万次曝光。因此，完成一个分子的分析，需要长达 3 年的时间。钻石加速器中的 X 射线比传统 X 射线管中的射线强大 1 000 亿倍，这大大加速了生成高清图像的时间。目前，这个研究团队一天可以构建三个结构的信息，并有望在将来可以达到更高的速度。

量子时代 切割粪便

钻石加速器还有其他的一些用途，它能输出比太阳明亮数百万倍的光。例如，2013 年约克大学的马克·哈德森（Mark Hodson）使用钻石加速器研究蚯蚓的粪便。事实上，他是在研究沉积于虫类粪便中的那些直径约为 2 毫米的微小碳酸钙球。碳酸钙是一种常见的矿物且具有广泛的用途，从生产水泥到漂白纸张。碳酸钙通常具有晶体结构，但在这些虫子的粪便中，它却以非晶体态的非结晶形式存在。

材料科学家对粪便中的碳酸钙小球产生了兴趣，因为碳酸钙的非结晶形式通常是不稳定的，它们会在几分钟之内瓦解为晶体。但在虫类粪便中，碳酸钙却能以非晶体形式维持极长时间。一些杂质或许为它提供了额外的稳定性。如果这一过程被人们破解，它将能解决我们生活中的很多问题，如：减少管道中的水垢，改变建筑材料的强度。我们可以在实验室中将这些颗粒磨碎并鉴定其成分，但我们却无法确定杂质是如何在非晶材料中分布的，更无法确定杂质是如何通过这一分布形式使非晶材料保持稳定的。科学家们用钻石加速器产生的强红外线照射颗粒，可得到高精度的图像（光越亮，分辨率越高）以揭示这一蠕虫的秘密。

我们仅列举了钻石加速器诸多用途中的两个。钻石加速器一天 24 小时都在运行，它们将光照进鸟笼中（有些鸟笼是亮黄色的，这是警示它们是强 X 射线的衬铅之家），使得许多不同的实验可同时进行。每个实验都利用着量子光效应，以获得对事物结构和本质的更好了解，包括集成电路设计和飞机发动机零件的结构和本质，也包括我们早已明了的自然构造的结构和本质。

我们永远不会在家的附近看到同步加速器的光源，但却可以找到激光。要将钻石加速器这样的专业实验室工具变为我们生活中随处可用的工具，还有一个关键的问题需要解决——让钻石加速器可在室温下使用，而非在超低温的冷冻环境中使用。下一章，我们将向冰冷深渊一跃而下，看看那些只有在极端低温环境下进行研究时，才能被发现的量子现象。

在接近绝对零度的寒冷区域，超导体被人们首次发现。

8 电阻失灵了

如果你还记得学生时期在牛顿定律之后学习的物理知识，你也许还能回忆起一个与电相关的公式：$V = IR$。电路中的电压（V）等于电流（I）乘以电阻（R）。电阻是电学版本的摩擦力。当物体停留在某一表面上时，摩擦力会阻止物体进行运动。空气阻力对飞机或飞行中的球也会起到类似作用。类似地，当自由电子流动通过金属时，电阻会阻止它们的流动。下面，我们来回忆下 100 年前的荷兰物理学家海克·卡默林·昂内斯（Heike Kamerlingh Onnes）的惊人发现。

时量代子 冰山博士

卡默林·昂内斯是莱顿大学的教授，他的主要研究方向是低温学，即在低温下进行材料研究。在低温物质装置这一领域中，他可算得上世界顶级专家（在本章里我会多次提到他，我将简称他为昂内斯）。1908年，他成功地使液态氦降至了 1.5K（-271.65℃），创造了当时的史上最低温度。K 是开尔文温标的温度，在极端低温条件下使用通常更加方便。

开尔文温标反映出了热力学最低温度的存在——绝对度零。绝对零度，即热力学的最低温度，也是极限温度。究其原因，物质的温度是由物质的原子或分子的能量度量的。当物质的温度为绝对零度时，物质的每个原子也将处于自己的最低能态。（在现实中，绝对零度无法达到，因为原子永远无法到达自己的最低能态。这是由它们的量子粒子属性决定的，量子粒子永远不会百分百地固定下来。）人们首次提出绝对零度概念时，对原子和分子的了解甚微，对量子理论更是无从提及。不过，当时的人们通过实验观测到，气体的压力会随温度的降低而下降。鉴于此，人们推测，当温度降低到绝对零度时将不会有压力的存在。在摄氏温标中，绝对零度被标识为－273.15℃，在处理温度问题时，开尔文温标与摄氏温标有着相同的刻度，不同的是，前者的0刻度从绝对零度开始。

该量表的单位是开尔文，用K（而非°K）来表示。因此，1.5K相当于－271.65℃。1911年，昂内斯在这样的极低温条件下试验金属的导电性。当昂内斯得到一块温度降至4.2K的汞时（我们所熟悉的“液态金属”在极端温度下将展现出固态形式，它们通常在234K这样的温度下就会产生冻结），它的电阻完全消失了。就像将一个移动的物体带入真空，这里既没有摩擦力也没有空气阻力，物体将保持永动状态。与此相似，汞中的电子也不会遇到任何阻力。没有阻力，它们就能无限地流动。如果你给这样的“超导”材料环一个起始电流，只要能一直维持这样的低温状态，它将不受阻碍地永远流动。

推测阻力在绝对零度中为零，这是一回事；欲将其实证，又是另一回事。事实上，要证明阻力在绝对零度中为零是非常困难的。我们能做的是，在可测量的范围内确认它的正确性。能做到这点，也是非凡的成功。昂内斯为了证明自己的理论做了一个实验，他向处于液氦环的超导线圈中引入了一个电流。之后，他在容器外测量磁场随时间的变化情况。简单说来，他的实验可以被想象为，将一系列的磁罗盘环绕在容器外，观察针的颤动。如果线圈中有电阻存在，那么电流的大小就会随电流流动的时间而降低，相应的，电流所产生的磁场也应发生改变——然而，事实是什么都没发生。虽然昂内斯进行的实验只能反映几小时以内的短时情况，即液氦完全蒸发掉之前的那段时间。但在20世纪50年代出现的一个类似实验运行了长达18个月的时间，其结果依然没有检测到电流的减少会带来磁场的变化。

时量代子 挑战权威

在1911年，能营造出这样的低温环境是一项极具挑战性的运动。(即使在今天，要实现这样的低温也并非易事。) 你可以参观下昂内斯实验室并看看里面的照片，你会看到一个蒸汽朋克版本的欧洲粒子物理研究所，看到大大的黄铜设备以及像意大利面那般散乱的金属管道。在这个类似船舶机舱一样的实验室中，昂内斯行使着与船长相同的权力。他有很多的助手，但在他的论文中他通常都是唯一作者，丝毫看不到助手们的存在。诚然，这或许是当时顶尖科学家们的通病，但即便是处于这样的环境，昂内斯也显得过于偏激。科学界，新的模式正在开启，智力上的竞赛正替代传统社会地位和权威的比拼。我强调这点，并非表明昂内斯不是高超的科学家，而是指向他那守旧的态度。

毫不奇怪，超导电性的发现让昂内斯和物理学界都感到了震惊。电阻为零这一论题的理论模型的建立是容易的，但这一理论模型的实现却是困难的。1911年，物理学家们对电子的概念就建立了基本认识，他们知道电子是一种带电粒子，电子带有的电荷刚被美国物理学家罗伯特·密立根（Robert Millikan）推定。当时的人们认为，电是由导线中流动的电子所负载，这与气体通过管道泵送类似。这是当时的人们普遍接受的观点。如果温度足够低，“气体”就会结冰，类似地，电子也会停止流动。鉴于此，许多人认为，电阻会随着温度的降低而不断提升。昂内斯却持有不同的观点，他认为电阻会随着温度的降低而降低，但绝不会下降到零，因为绝对零度几乎不能达到。因此，在他的眼中，电阻随温度下降而下降是正常现象，但温度下降到1.5K时电阻降低到零是令人震惊的（他认为只有温度达到绝对零度时，电阻才会降低到零）。

电阻在电路中的用处极大，但它也会给电气工程师带来麻烦，因为电阻会带来传输损耗。以我们长距离输送电力的方式为例——我们通常会看到那些巨大且难看的电缆塔支撑高压电的输送，采用这一传输方式的原因是，电压越高由电阻带来的传输损耗就越少。因为电子与金属中的原子相互作用时，导体中存在相当比例的电能被转换为了热能（比如电暖炉）。如果我们使用超导电网传输电流，则不会产生传输损耗。但昂内斯很快意识到，这是个理想的白日梦。要实现超导，就必须将导体保持在极低温环境中，其技术难度与实际操作的代价远大于它能给我们带来的好处。

更重要的是，实现超导在原理上也存在问题——超导电性将产生无休止流动的电流（等同于超级强大的磁铁），而这一现象在实践中会自掘坟墓。由超导形成的强大磁场会干扰超导过程，阻止超导电性的继续运作。相似地，任何特定的电线都有自己的电流上限。当电流超过这个上限时，其超导效应就会招致破坏。由于这些限制的存在，欲使超导电性在实际应用中完全展现出自己的神奇之处，还需要很长的一段时间，但它终将得到绽放。只是在当时，电阻的消失确实被人们理解为自然界的怪事，引人好奇但意义不大。值得注意的是，昂内斯在得到 1913 年诺贝尔奖的提名时，并未明确提及超导电性。

时量代子 无磁性区域

现在，我们思考下电阻为零的意义。首先，我们将时间拉回到 1933 年。那一年，德国柏林国立自然科学和工程科学院的瓦尔特·迈斯纳（Walther Meissner）和他的研究生罗伯特·奥克森费尔德（Robert Ochsenfeld）发现了超导体的另一个重要性质。自从有了迈克尔·法拉第的工作，物理学家们就已经意识到了磁场的概念，杰姆斯·克拉克·麦斯威尔将这一概念进一步精炼并进行了量化。他发现，电导体在磁场中的运动产生了电流流动——这也就是发电机的工作方式。磁场弥漫在空间中并穿透一切固体。迈斯纳和奥克森费尔德发现了今天人们熟知的著名的迈斯纳效应——在电阻为零的等效温度下，导体将排斥任何通过它的磁场，致使磁场围绕物体弯曲。

正如昂内斯曾经的意外发现，迈斯纳也没意料到会发生这种奇怪的磁场排斥现象。他和奥克森费尔德的研究初衷是，柱状金属转变为超导体时的磁场变化，并未料到柱状金属会排斥磁场。迈斯纳的发现后来被证实是对超导进行尝试性解释的一个重要推动。

时量代子 量子激冷

零电阻和磁场排斥这两种现象，是超导体的特征性行为。它们之间的强烈的量子现象在实际生活中的应用颇多。观察它们的行为或许很简单，而解释它们发生的原理就没那么轻松了。在当时，量子力学理论尚处于粗略且不完整的阶段。但昂内斯仍怀疑，超导电性涉及到了全新的量子力学。后来的人们渐渐意识到，不引入量子效应，超导电性就永远无法得到解释。

在20世纪30年代的普遍认识是，导体中携带电流的电子都远离了自己原来的位置——它们不再与一个原子专一地联系在一起。人们预测这是由两方面原因导致的：其一，导体中的杂质；其二，电子与材料中的颤动原子（这些原子即使是呈固态时也处于匀速运动状态中）间的相互作用。这二者的结合，带来了某种程度的阻力。昂内斯推测，这一理论可以预测出阻力随温度的下降而下降，但无法预测出超导电性一旦出现时电阻就会突然下降到零的状况。

1935年，有可能解释这一现象的第一条线索浮出了水面。德国科学家弗里茨·伦敦（Fritz London）和他的兄弟海因茨（Heinz）一起逃离了纳粹德国（他们也许更适合前往伦敦工作，因为那恰好是他们的姓氏）。他在一次皇家学院的会议上提出了一个激进的想法，他认为整个超导物体就像一个巨型原子，其周围围满了密密麻麻的传导电子，屏蔽了磁场的侵入而引起迈斯纳效应。

乍一看，这似乎算不上什么进步。毕竟，传导电子与特定原子并非是紧密联系的早已得到大家的公认。伦敦提出的观点中最具革命性的地方在于——这是一个在可见尺度上、可触摸的物体上发生的量子力学过程。一般情况下，量子物理学通常只在微观水平上适用（原子、光子、电子）。能表现出量子效应的最大尺寸的物体也不会超过微小的病毒的大小。在任何大于这一尺寸的物体中，物体组分中粒子间存在的诸多相互作用会引起退相干。而伦敦却认为，量子行为是超导体的基本行为，而超导体的直径可达数米。

时代 量子 量子振动

在理解超导电性的问题上，伦敦的关键观点是，电子将以一个整体的方式表现其行为，它们就像激光中的光子一样，共享同一个波函数并协调一致地行动，从而产生了诱人的电流。事实上，电子之间排斥且不融洽，它们又如何能以这种方式共同行为呢？三个关键的人物，约翰·巴丁（John Bardeen），列昂·库珀（Leon Cooper）和罗伯特·施里弗（Robert Schrieffer）为我们带来了答案，使我们可以更好地理解超导电性的基本原理。答案并非出现于伦敦进行英国皇家学会演讲后的1—2年，而是27年之后。直到那时，答案所需要的要素才最终拼接完成。

约翰·巴丁是本书中一位英雄式的人物，他也参与了晶体管的开发，并在后来因晶体管与超导电性这两项工作获得了诺贝尔奖。事实上，早在第二次世界大战之前，巴丁就一直思索超导体内部传导电子与原子之间的关系。他相信，在某种程度上，或许超导体中的原子能给传导电子施加推进作用。

所有的原子都在振动。原子在固体中，尤其是在具有规则结构的固体中的振动会产生波。波在材料中传递，我们将这样的振动称为声子。声子在名称上与“光子”相似，这一相似性暗示我们，声子的波是量子化的。它们并不能以任意模式进行振动，它们受材料结构的限制只能以某些固定的模式进行振动。此外，尽管这些声子是真实的波，并非具有“波样概率属性的粒子”，但声子在振动模式上的量子化，意味着它们仍受制于量子力学的规则。

巴丁认为，在超导材料中，声子与传导电子之间的相互作用对超导电性非常重要。1950年，原子在超导电性中起显著作用这一观点得到了证实——因为物质转变为超导的临界温度因其构成原子的同位素的不同而有所差异。如此，超导电性就不是纯粹的电子效应了。同位素是原子的各种变体，这些变体原子核中有不同数量的中子，但却有相同数量的质子和电子。例如，铀有同位素 U－235 和 U－238。它们有相同数量的质子和电子（所以化学性质相同），但 U－238 的原子核比 U－235 多 3 个中子。

如果超导电性单纯地依赖于电子，那么，同一材料的不同同位素在临界温度上的导电性就不应出现差别。相反，如果这一差别存在且能被观测到（实际上这一差别的存在已被证实），则意味着原子参与了超导的发生过程，且原子是作为一个整体表现其行为的。正是声子这一特殊振动的存在，才形成了这样一种违反直觉的效果：在电磁理论的范畴，电子带负电荷，它们会互相排斥；可在超导体中，电子必须有效地吸引别的电子，才能产生我们所观测到的效应。

时量代子 床垫效应

当需要通过某个直观形象对理论作简化时，物理学家们通常会偏好于使用保龄球。在试图解释广义相对论以及重力的阐释时，人们通常会引入保龄球压弯橡胶板的模型。而那些试图解释超导电性的人，则将保龄球压弯橡胶板的模型中的那些保龄球挪到了松软的床垫上。第一个保龄球沿着床垫滚了过去，留下一道缓慢恢复的压痕，这道压痕将迫使第二个保龄球继续沿着它的轨迹滚动。它反映出的现象是，通过松软床垫这一介质的介入，第二个保龄球受到了第一个保龄球的吸引。在超导体中，固态结构中冰冷的、慢反应的离子，就如同床垫中那松软无力的弹簧，用这一自然产生的路径给予了电子跟随的方向，使电子被联结了起来。

1957 年，对超导电性进行解释的理论得到了完善。约翰·巴丁、列昂·库珀和罗伯特·施里弗提出了他们的理论，后人将其称为 BCS（三位创作者姓氏的首字母缩写）理论。列昂·库珀已经发现，电子对（也称库珀对）可以通过这种床垫方式联结起来。库珀对是自旋相反的电子对，被物质中的慢反应晶格推到了一起。当它们通过导体时，其表现出的行为就仿佛一个单一整体一般。一旦电子以库珀对的方式移动，它们之间就失去了电阻。如果它们被声子拆解开并达到足够产生电阻的距离，这对电子的联结就必须被打破。鉴于量子粒子在位置上的模糊性，电子对会与周围的电子对相重叠形成一个被称为凝聚态的状态。在这一状态中，所有的电子对会像一个单一整体一样相互作用。单独的一对电子对易于被声子打破，但在凝聚态中，电子对破裂的情况则难以发生。因为在凝聚态中，某一对电子对的破裂必然影响其他电子对，声子难以打破这样的多重电子对。电子对们如同幽灵一般，以整体的形式在超导体中流动。

为什么会有超导体的存在？超导体又如何规避了电阻的存在？解决这些问题的理论在不断演进。与此同时，实验者们也在不断探索，他们希望将超导材料的运行温度从不切实际的 1.5K（－271.65℃）推高到一个更易于实现的温度，这一温度应当处于 20—30K（－253.15—－243.15℃）的中间区域。虽然我们所说的这个温度仍然极低（－250℃左右），但这一温度具有更高的可实现性。与超导电性机制有关的基本理论也在不断发展中，人们逐渐认识到，期盼超导的工作温度在 30K（－243.15℃）的基础上持续增加终是梦幻泡影。换句话说，这一基础理论的发展告诉人们，相比目前已实现的超导温度，人类永远也无法将其再度提高。进入 20 世纪 80 年代中期，一场突如其来的革命将这一陈旧的观点甩掉了。

1987 年 3 月，保罗・楚（Paul Chu）、吴茂昆（Maw Kuen Wu）以及他们的团队在纽约的一次会议上宣布，他们已在相对温和的 90K（－183.15℃）的环境下实现了超导电性。他们并未使用金属材料，而是使用了一种新型的陶瓷材料，他们在这一材料中掺入了钡、铜、钇及氧元素。当这一团队提出超导电性临界温度突破 90K（－183.15℃）时，他们的这一结论为该领域带来了巨大震动。因为当时的学术界已认命并接受了 30K（－243.15℃）就是超导之路的终点。他们知道室温超导体如能实现将带来巨大应用潜力，但他们认定这并不能实现。然而，在事实上，随着 30K（－243.15℃）的临界温度极限被打破，超导电性脱离低温而续存得到了革命性的进步。

时量代子 新的炼金术士

接下来发生的事，我们将其比喻为炼金术。中世纪时期，化学还没有作为一门学科出现，那时候的炼金术士们会反复地尝试加热和冷却各种不同的混合物。至于在底物的反应过程中，在这些元素和化合物之间都发生了什么反应，炼金术士们并未提出过什么模型。他们只是尝试采用随意的底物组合方式，去试验发生的结果以达成他们的目的——转换金属以炼出长生不老药。在现代物理学中，通常的研究方法是，首先尝试对现象的理解，然后利用这个理解增强对这一过程的猜想——但在1987年的会议之后，人们通常会将各样的混合材料，包括像钇这样的稀土元素应用到实验中来，只是为了观测它们是如何发生反应的（就像炼金术士们曾经的工作）。

事实上，稀土元素并非稀有元素，它只是在最先被发现时是罕见的矿物。第一个超导陶瓷是基于钡、铜、镧和氧元素的掺和下实现的，且只实现了30K（-243.15℃）的极限温度。而加入钇看上去似乎是临界温度必然跨越的关键，于是这成了混合物中使用稀土元素的一个确定逻辑。人们开始大量尝试不同的组合，去竞争诺贝尔奖和经济上的成功。这样的行为让人觉得这些活计更像是炼金术士们的工作，而非一项正经的科学。

但在这疯狂变换组成元素的背后却存在一个指导原则。人们已经发现，将材料放置在强大压力下会提高超导电性出现的临界温度。尽管这并非产生高温超导体的实际办法，但它却给我们带来了提示。我们需要寻找一种方法，使原子在材料结构中更靠近，以加强声子和电子间的相互作用，并有助于物质变得具有超能力。可行的办法是，将更大的原子融合到相对更小的晶格结构中。

时量代子 氦的弃用

一年之后，125K（-148.15℃）左右的临界温度被报告出来，此材料用铊、锶和钡替换了原来混合物中的铋或镧。随着90—125K（-183.15—-148.15℃）材料的出现，人们又达到了一个新的高度——这是一个非常重要的高度。

虽然这些仍非在室温下工作的超导体，但它们相较于传统的30K（-243.15℃）甚至更低温度的超导体而言，也确为具有明显优势。液氦是达到那些温度的必要介质，但液氦的生产费用却很昂贵。相比之下，生产液氮的费用只有生产液氦费用的1/100，液氮可以在全科医师手术中广泛使用。液氮的沸点大约为77K（-196.15℃）。所以，新的超导体可以在液氮条件下参与工作。它为我们带来了极大的好处——大大减少了重型低温设备。

时量代子 一种新机制

与尝试生产高温超导材料齐头并进的，是另一场寻找超导理论的竞赛，解释在基础低温超导金属中与库珀对超导性不同的过程。人们很早就认识到，经典钡铜钇氧化物（$YBa_2Cu_3O_7$）的结构十分奇特。与金属的规则晶格不同，它是由一系列的铜/氧平面堆叠起来的，钡和钇原子在铜和氧原子之间交织，形成链条并将这些平面连接起来。这种结构会产生奇怪的物理事件，如同在室温下电的不同阻力取决于电流是沿平面还是垂直方向通行一样。也许在层与层之间，存在某种类型的隧道机制可提高库珀对的前进效率。

然而，关于这些高温超导体是如何工作的，目前尚无被广泛接受的解释。理解这些材料的复杂结构，并得出一个正确的理论以弄清超导电性的原理，对实验者和理论者来说都是未来的一个主要研究方向。在传统低温超导体中，声子所扮演的角色被自旋涨落所接替，这是目前最有希望的解释。但要确定其正确性，还有很长的路要走。

时量代子 室温英雄

当理论家们还在为理论解释努力工作时，室温超导电性的实验者们却一直有着不停的收获。可以说，这就是20世纪80年代冷聚变反应（常温下的核聚变）的超导版。当时，斯坦利·庞斯（Stanley Pons）和马丁·弗莱施曼声称，在室温和常压条件下可进行核聚变，但他们的实验却不能被重复。攻破30K（－243.15℃）的低温障碍与此也存在相似性。

在正在探索的研究中，有一个很好的例子——2013年日本东海大学的报告。研究人员使用了一种被称为HOPG的材料——高定向热解石墨。它拥有与传统石墨一样的碳，但在石墨的层与层之间有着额外的连接，使它具有了不寻常的表现。热解碳是一种罕见的能够飘在永磁体上的材料之一，就像磁体飘浮在超导体上那样。这一材料在石墨平面上的导热性非常强，且在室温下是最具磁性的材料。

在东海大学的实验中，当把两片高定向热解石墨浸入庚烷和辛烷两个有机化合物的混合物中时，样品的电阻将下降至检测限之下。在一个充满该化学物的环形容器中，实验者维持电流无衰减流动长达50天时间。如同研究人员提出的："这些结果表明，室温超导体可以通过将烷烃与石墨表面相接触而得到。"这还是比较早期的实验，但它为未来奠定了希望。

时量代子 超颖材料的疯狂

其他科学家也从不同的角度研究着室温超导体，他们希望那些使隐形斗篷成为可能的特殊材料也同样能改变超导的世界。他们称这些特殊材料为“超颖材料”，研究人员在这一领域不断研究着物质与光、声音或电磁场的相互作用。

隐身材料通常具有负折射率。折射，是光从一个介质进入另一个介质时所产生的弯曲现象——就像把铅笔放进玻璃杯里出现的弯折效应。负折射率，意味着光的弯折与平时呈相反的方向。负折射率的光能围绕某样东西弯曲，并将它隐藏起来，因而形成了隐形斗篷。

陶森大学的维拉·斯莫雅尼诺娃（Vera Smolyaninova）和马里兰大学的伊戈尔·斯莫亚尼诺夫（Igor Smolyaninov）意识到，一些超颖材料具有一种特性。将这种特性应用到超导体理论上去将会非常有意思，这一理论最先由俄国物理学家戴维·科兹尼兹（David Kirzhnits）于1973年提出。这一理论将电子支持超导电性的能力与超颖材料中被称为介电响应的特性联系起来。他提出，介电响应越低，电子的相互作用越强。原则上，超颖材料可以是微介电响应甚至是负介电响应的，正是这点激发了斯莫雅尼诺娃的兴趣。

斯莫雅尼诺娃希望通过制造一种特殊的超颖材料，实现远高于目前可行的温度促进电子对的形成。这种超颖材料既包含在低温时表现为超导体的金属（如汞或铅），又包含介电材料的杂质（一种绝缘体，但可被极化。极化后，会在两端带有不同的电荷——钛酸锶）。它也许无法达到室温状态（这也许是不可行的——这一切目前尚停留在理论阶段），但它是将超导带入日常世界的材料设计中的重要一步。

虽然我们拥有超导体的时间还不长（仅过了100年时间），虽然超导材料在使用上有严苛的限制（需要低温环境），然而，这并未影响超导材料投入到人们的使用。尽管在今天，超导体还不能达到普通电子设备那般普及，但它们已开始在我们的生活中扮演起越来越重要的角色。

9 悬浮列车与超导量子干涉装置

2008 年 9 月 10 日，当大型强子对撞机（LHC）在欧洲核子研究中心启动时，整个世界都为之屏住了呼吸。一些末日预言者认为，它能创造出一个小黑洞以及一些奇怪的物质，它们甚至能摧毁我们的宇宙。而乐观主义者却认为，他们即将找到方向并发现热门的希格斯玻色子（Higgs）。事实上，现实情况却有些虎头蛇尾。大型强子对撞机启动时，世界仍然如旧，末日预言者与乐观主义者的预言似乎都没发生。机器运行了 9 天之后，出现了一次令人震惊的意外。

量子时代 淬火之灾

在大型强子对撞机中，液氦主要用于冷却巨大的超导磁体，这些磁体用以保持对撞机中的质子不逃离固定轨道。正常情况下，这些质子以接近光速的速度运动，然而，一次偶然出现的电气故障导致了液氦泄漏。超导磁体因而也退出了超导相位。这一类改变被称为“淬火”——在此过程中突然产生了电阻，巨大的电流遇上电阻后产生了巨大的热量，这些热量形成了爆炸的力量并将剩余的氦气冲了出来。由此带来的结果是，50 块磁体遭致损坏，要将这些损坏部件全部修复至少需要 1 年以上的时间。

对超导体制成的单个物体来说，大型强子对撞机中所使用的巨大磁体是有史以来最大的了。然而，这些磁体的用途仅是超导体全部用途中的一个小类。超导体还存在很多别的用途，它们对人类的日常生活有着巨大的潜在影响力。

在早期，看好超导体的言论也许确有夸大性质。在昂内斯首次发现超导体时，与他同时代的人都对超导电网有着美好的愿景，人们认为，这一电网将为整个国家输送巨大的电流，且不会产生损耗。实际情况是，超导电缆需要保持在极低温环境中工作；当电流达到一定水平时，超导电性会招致阻碍，足够强大的磁场会破坏超导电性。由于以上二者的同时存在，超导虽在应用领域具有重要用途却仍无法日常普及。与晶体管或激光不同，在我们家居应用中（目前）还没有超导体的应用，它们通常被限制在专业领域中。

为了生产出大型强子对撞机所需要的那种磁体，或是将超导性用于其他方面（如磁悬浮列车），就必须设法解决早期超导体中存在的一个问题：在面临高强度磁场时，超导体会失去超导电性。现已证实，有些合金还具有另外一种类型的超导行为，我们将这些合金称为“第二类超导体”。在“第二类超导体”材料中，存在磁场可以穿透的区域（被称为束）。区域中的材质不再是超导体，这些束被具有超导性的基质包裹了起来。束一旦发生位移，就有可能产生电阻，因此，这些束被材料中的掺杂物固定在适当的位置避免其移动。通过加入束的方式，人们生产出了一种新型的超导体，它足以应付大型工业级磁体所需要的强大电流。

时量代子 量子磁性瓶

大型强子对撞机是迄今为止人类制造出的最大机器，看上去，它给那些试图应用超导磁体的工程师们带来了巨大的挑战。如果你将大型强子对撞机的建造与托卡马克的建造相比，建造大型强子对撞机的挑战就黯然失色了。“托卡马克”是俄语名词的缩写，大致意思是“带有磁性线圈的环形腔”，这是一个用于核聚变的磁约束反应腔。核聚变是太阳能量的来源方式，本质上，它也是生产能源的一个好方法。这个方法远超我们现有的获得能源的方法。事实上，聚变发电站已让人们盼望了60

年，在未来，我们还需要继续期盼20—30年。造成这一问题的最大原因是：在地球上复制一小块太阳，确实是一项难度极大的工程。

与传统的核裂变发电站相比，核聚变的好处在于它使用的燃料更容易获得，且不会产生高放核废物。但问题是，要使核聚变发生，人们必须控制住一个等离子体（即离子的集合），并使其温度升高到大约1.5×10^8℃。这一温度相当于太阳最高温度的10倍。与此相比，聚变反应炉缺少太阳那巨大的重力压力来辅助这一过程。聚变反应炉需要巨大的能量以促使核聚变的发生。极高温的等离子体不能接触到容纳它的金属容器，否则，等离子体的温度会立即呈现出断崖式的下降，金属壁也会受到严重损坏。故带电离子必须由一组强有力的、环绕反应室的磁体进行约束，以确保这些离子处于适当的位置。而这些磁体通常排成一种呈D形截面的环形甜甜圈形式（环面）。

早期的托卡马克采用了常规电磁铁用以将少量的等离子体约束在适当的位置，不过，要获得工业级的托卡马克发电机所需的磁场强度，就需要一整套的超导磁体了。ITER是正在法国南部卡达拉舍建设的下一代托卡马克装置，它并非全尺寸版本，它是工业级反应堆建成以前的最后一代的测试版本。和它的继任者一样，它拥有超导磁体。在低碳能源生产的某一步骤中，超导磁体是最重要的核心组件。

想想ITER工程师即将面临的挑战吧。他们要创建和管理大量的、高热的、可怕的离子，这些离子似乎还拥有自己的独特生命。等离子们扭动着四处碰撞，似活物一般试图着逃离磁场——仅是保持反应堆的运行就已是一项重大的挑战，更别说还需让等离子体达到极高的温度并让它们保持受控状态。所以，工程师们必须想办法将这些热浪滔天的地狱恶魔约束在超导磁体的旁边，同时还得把这些超导磁体冰冻起来，使它们保持在几乎等同于绝对零度的温度环境下。这样一来，核聚变发生将变得更加困难，因为我们需要将这些磁体在如此炽热的环境周围进行冷却，这为设计徒增了另一份挑战。虽然困难重重，但超导磁体还得纳入使用，因为人们无法想出在没有超导磁体的介入下，如何才能在一个全尺寸发电反应炉中产生出足够强大的磁场。这使得超导磁体成为了未来电厂中的一种必需品。

量子时代 在冰冷中扫描

ITER仍然是未来的计划，在当下，有一个设备已得到了验证与测试，它就是磁共振成像扫描仪。超导体在这类仪器中已得到了普遍应用。准确地说，这类仪器应当被称为核磁共振，但由于“核”总与负面效应相关联，所以改名为磁共振成像。核磁共振成像是一种强大的医学扫描技术，它有两个过程在量子水平发生——依靠量子效应产生强磁场，再利用量子现象产生图像。扫描仪需要非常强的磁场，这一磁场通常由超导磁体产生，与ITER中的约束磁场较为类似，但使用规模大大缩小。

水分布于人类的整个身体。水分子内有两个氢原子，每个氢原子内有一个质子，磁共振扫描仪的工作原理正是控制这些质子的量子自旋。接受扫描的对象会从一个磁性线圈中穿过，该线圈具有迅速变换的磁场，翻转磁场并调制为特定的频率从而使质子的自旋发生翻转。当磁场关闭时，质子翻转回去并产生出射频电磁辐射。实际上，在这一过程中，水分子变成了微小的发射器，并由接收线圈进行检测。多个变换磁场共同作用，就可以对信号进行精确的三维空间定位了。这样，当人类身体通过扫描仪时，就会生成一个横截面图像。核磁共振扫描对于区分组织的异常、肿瘤的检测具有重要帮助，是非常理想的诊断手段。

磁共振成像扫描仪的主要部件即磁体，通常由液氦冷却至4K（-269.15℃）以产生超导性。我们通常称其为梯度线圈的二级电磁体，它在不同的位置上作磁场变换，可使扫描仪进行3D图像成像工作。磁场梯度的改变会导致这些线圈快速地扩张和收缩，并产生出响亮的敲击声。如不进行适当的隔音操作，其吵闹声与飞机起飞时几乎相同，可以达到120分贝上下。

在超导电性的应用中，核磁共振成像扫描仪是与人们生活接触最频繁的应用了。今天的大多数人都知晓了它的存在。今天，虽然超导电性的重要用途已显现出来，但却被研究设施所限制。也许，这正是超导应用即将在世界各地真正腾飞的时刻。在它的诸多用途中，最著名的一项也许会涉及到起飞问题（如果飞起微小的距离也算在内）——有一种装置，可使磁悬浮列车浮在地面之上。

时量代子 磁悬浮列车

毫无疑问，铁路有可能成为我们最好的运输设备。铁路运输与航空运输不同，铁路运输可以利用低碳的电力作为能源，交通安全且高效，还比公路运输污染更低。由于其独立的环境，铁路运输可以比其他任何形式的地面运输速度更快。今天，高铁运行的时速通常可达每小时250公里（155英里），这使得高铁在端到端的短途旅行上可与航空旅行的时效性媲美。因为与航空公司相比，火车可以将你直接送往目的地，且延误时间更少。传统的铁路即将到达它能企及的极限，这时，磁悬浮列车开始崭露头角。

磁悬浮是磁性悬浮的缩写。我们都知道磁铁，我们将磁体的同极靠近时，会感觉到不可思议的斥力：北和北或南和南放在一起时所发生的排斥力。我们可以通过合适的构造方式来维持一种平衡，那么，我们可以通过斥力使磁铁飘浮于某个平面之上。接下来，我们再增加一些帮助推进的装置——通常也是以磁力学为基础的——就拥有了另一种不同的列车。这样的列车不会出现由钢轨的接触而产生的摩擦力，这也意味着它可以达到更高的速度，且比传统的轨道列车更加安静。不过，要让重量以吨为单位计算的火车保持悬浮（不接触地面），这超越了任何常规磁铁的能力。鉴于此，超导体则有了用武之地。

现在，已有若干的实验性磁悬浮列车出现了，在本文写作的时候，有2个磁悬浮列车短途路线正在实验运行，但它们都尚未达到服务使用阶段。（编注：2018年6月，中国首列商用磁悬浮列车在中车株洲电力机车有限公司下线。）磁悬浮列车已打破了世界铁路列车的最快速度记录：日本的实验性MLX－01超导磁悬浮列车使用液氦维持超导磁体，该列车的速度达到了每小时581公里（361英里）。日本目前正规划打造

第一条商业磁悬浮列车航线，这条“中央新干线”将东京、名古屋和大阪连接起来。这可不是一件简单的事情——它也许要等到2045年才能进入运行阶段。但我们可以期待，超导磁悬浮列车的速度可以达到每小时500公里（319英里）。在人们的预计中，列车将会悬浮于轨道之上10厘米高的地方。人们在基板上使用巨大的氦基超导磁体，它能让车厢悬浮起来，还可为列车提供推进力。

时量代子 搞定磁悬浮

虽然磁悬浮列车克服了摩擦力的缺点，可还是存在空气阻力的问题。当列车的时速超过400公里时，空气阻力会成为我们的大麻烦。在这个速度下，列车会多消耗83%左右的能量。同时，还会出现极大的噪声。磁悬浮列车虽然规避了常规列车带来的轨道噪声，但在高速行驶中的风噪却非常棘手。这种噪声可超过人类90分贝的可接受极限——相当于距离你10米远处一辆大型柴油卡车发出的噪声。如果希望将列车速度推进至更高（理论上，磁悬浮列车可达到每小时1000公里），列车必须运行在特殊的隧道中，我们至少要抽掉这一隧道中的部分空气。听起来，这也许是个疯狂的想法，但它已被提案为瑞士地铁系统的一种候选方案——“真空列车”。

磁悬浮列车替换我们的传统轨道也许还有一段不小的时间。在本世纪初的英国，曾因建立一条常规高速线（HS2）引发了诸多的政治角力。这也警示着我们，在一些国家中，对基础设施进行重大改变的难度有多大。不过，日本人已证明，他们已作好了专用高速线路（地下线路）建设的准备。这一线路将具有与磁悬浮列车类似的优势，这样的方式随着时间的推移必将越来越具有可行性。考虑到全球变暖的问题，空中交通将变得越来越不适宜，特别是当室温超导体变为现实时，空中交通就更没有优势了。

虽然磁悬浮是一种潜在的绿色交通模式（这取决于我们对电力的生产和冷却液的生产），但它还是引起了一项与环境有关的议题。很多人会产生疑惑，大多数人会将“辐射”与核反应潜在的危险（高能粒子和γ射线）相联系。事实上，我们生活中极为常见的电源线和电话天线也会发出电磁辐射，但它们的破坏性远不能和强大的γ射线相比。就物理学而言，它们只是另一种形式的光，它们与γ射线只是射电频率有所不同，在形式上并无差异。虽然在理论上，太过接近强磁场也许会给人类大脑带来影响，但磁悬浮列车上的乘客和经过其轨道周边的路人却并不会与磁场靠近到如此近的距离，因此，这一问题在事实上并不存在。不过，它也反映了一个事实：技术上的巨大革新，通常在实际投入应用之前会遇到诸多阻力。

时量代子　约瑟夫森的量子天才

能够想到上述的与超导相关的用途并不困难。在对超导体进行应用的设备中，无论是大型强子对撞机的巨型磁体，还是我们熟悉的核磁共振扫描仪，全都是大型机器，它们在大尺度上实施超导。但在超导使用这一量子现象中，还有一个极小尺度的案例，它以“鱿鱼”（SQUID）的形式出现。这里说的“鱿鱼”并非海洋中的无脊椎动物，而是超导量子干涉装置（Superconducting Quantum Interference Device）的缩写。要理解这个词，我们首先得弄明白约瑟夫森结。约瑟夫森结是一种发明于1962年的量子器件，发明者是当时还在攻读研究生的布瑞恩·约瑟夫森（Brian Josephson）。约瑟夫森后因这个发明获得了诺贝尔奖。

约瑟夫森是物理学界中不走寻常路的人之一。他在晚年受到了很多同时代科学家的谩骂，因为约瑟夫森似乎对许多现象都持有天真的接受能力。比如，水具有记忆、心灵感应，他都能接受。其他科学家则认为，这些说法只是浪费时间的另类观点。然而，不可否认的是，约瑟夫森在20多岁时是物理学领域中最聪明的学者之一。几年前，我去剑桥大学看他，他在应用数学和理论物理系有一个荣誉职位，使他能继续从事自己喜欢的研究工作。

我们通常能从疯狂科学家身上总结出共有的特质，约瑟夫森似乎也不例外，至少，他也是一个拥有“爱因斯坦血统”的怪人。脱下自行车头盔，你一定能看到他那乱糟糟的头发，与他语言交流也会感到困难（模糊性）。即便如此，约瑟夫森依然很受其他物理学家的尊敬。我曾和他一起听过量子纠缠专家安顿·宰林格（Anton Zeilinger）的演讲，凑巧坐在了他的身旁，其他物理学家对他非常尊敬。

在20世纪60年代，年轻的约瑟夫森的性格非常强势。通常，演讲者出现的小错误，他都会指摘出来。一名演讲者菲利普·安德森（Philip Anderson）曾有过这样的评论：“我可以向你保证，有约瑟夫森在旁听课时，演讲者通常会遭遇一次令人不安的体验。你讲的每一句话都必须保证正确，否则，他会在课后要求你给出解释。”约瑟夫森在22岁时就获得了一个发现，这为后来的约瑟夫森结的出现奠定了基础。约瑟夫森在33岁时就获得了诺贝尔奖。这位科学家的早期工作给所有人都留下了深刻印象：约瑟夫森具有周全的视野——他采用了现有理论，并在现有理论的基础上对构建约瑟夫森结中的影响进行了完整描述。

一名专业的专利律师曾告诉安德森，“在我看来，约瑟夫森的论文已经非常完整。在约瑟夫森效应这一领域，不会再有人取得重大成功并获得与之相关的专利授权了。”而此时，约瑟夫森这个家伙还有两年才能攻读完自己的博士学位。从物理学家的观点来看，约瑟夫森的工作极为重要，因为它为超导电性的本质给出了最重要的解释，它阐明了电子对的相位在超导体中的作用。在外行看来，这为超导体迈向实际使用带来了新的可能。

约瑟夫森效应将超导量子干涉装置带入了我们的生活。那么，到底什么是约瑟夫森效应？约瑟夫森效应是一种横跨约瑟夫森结的超电流现象。约瑟夫森结由一对超导体与一道屏障构成，屏障位于这对超导体之间。屏障可以是绝缘体或非处于超导状态的导体。大家都知道量子粒子能通过隧穿效应穿越屏障的原因。约瑟夫森预测，在某些情况下，库珀电子对可以通过隧穿效应穿过障碍。约瑟夫森还指出，在交变电流中，电流相位会随时间而发生周期性变化。其变化频率与电压具有直接联系，相比于对电压的测量，对频率的测量则更容易。这样，约瑟夫森结就成为了一个敏感度极高的电压测量装置，其敏感性令人震惊。

约瑟夫森结的用途很多，从一系列的量子计算设备到超宽频谱设备（与数码相机中所使用的电荷耦合器件是同一类设备），这使约瑟夫森结在天文学中的应用变得广泛。就这一纯粹的量子效应，目前使用最为广泛的是超导量子干涉装置（SQUID）。它用约瑟夫森结检测自己周围的磁场上的微小变化。

目前，超导量子干涉装置类似于发展初期的激光器。激光出现时，人们就对其抱有了极大的希望，然而，在推测出的用途与现实之间存在一道鸿沟。激光用途的确认花费了人们很长一段时间才确定，也正是这段时间，我们才真切感受到了激光为我们带来的好处。尽管超导量子干涉装置已在不少领域中展开了应用（如，通过测量磁场中的微小变化检测大脑产生的神经元活动；应用于某些种类的磁共振扫描仪），但超导量子干涉装置所面临的情况与当初人们对激光的认识具有共性——人们推测出的用途与现实之间依然存在着鸿沟。在超导量子干涉装置的不断发展中，还出现了一个分支领域——检测未爆弹药。行业内将这些未爆弹药称为 UXO（令人担忧的弹药和爆炸物）。这是一类可怕的威胁。据统计，有 10%—15% 的炸弹和炮弹未能爆炸并遗留在我们的地下成为了一个长期存在的威胁。

这一威胁存在的长期性到底有多久？我们可以通过一个事例来分析：在欧洲，每年仍可发现第二次世界大战遗留下来的成千上万的 UXO。在第二次世界大战中，未爆炸军备的比例超过了总军备的 25%。此外，在近期出现的战场或废弃的军事训练基地中，也有大量 UXO 的残留。仅在美国，就有超过 40 000 平方公里的土地遭受着 UXO 的污染。

在对这些令人讨厌的遗留物作检测时，我们可谓是花招用尽，从基本的金属探测器到复杂的磁场监视器，全都派上了阵。然而，它们完全不能与装配了 SQUID 的新设备相媲美。SQUID 带来了对磁场变化作探测的能力，它会对地面下方的地球磁场的精确梯度作测量，装配了它的设备可精准地找出异常物体的位置和形状。因为它的敏感性较高，故在完成测量时不需像传统磁力计那样过于接近 UXO，所以它能更好地应对茂密的灌木丛和水体。通过高温超导体的使用，这类设备可以达到足够的便携度，以应付在地下或水下的 UXO 扫描。这一技术目前尚在测试阶段，但它也许很快就能成为旧战场和试验场上的常见设备。

今天，我们对超导量子干涉装置的应用也许尚处于皮毛阶段。如同所有的超导装置一样，如果我们能实现室温超导，超导量子干涉装置也许会变得更加强大和普及。在最后，我们再介绍一个与它相关的重要应用——扫描超导量子干涉显微镜。在被扫描的区域，这一装置会按科学设计的路线移动超导量子干涉仪，仪器将检测到的磁场变化生成图像。这种显微镜可以用来扫描集成电路，检测电路是否出现了短路现象并确保整个电路运行正常。超导量子干涉仪不会直接与扫描物体发生物理接触，因此，受检样本可以放置在室温空气中，而不用放在超导量子干涉仪本身所需要的低温低压环境下。

量子时代 超导污水

在强大的电子设备和扫描仪中找到超导体的存在，已不会给我们带来惊喜了。但我还是要为大家介绍与超导电性应用相关的最后一个例子，它和“鱿鱼”（SQUID）的“美味”可相距了十万八千里。这个例子就是——超导电性在污水处理中的应用。我们生活在一个矛盾的富水世界，水几乎遍布了我们的整个星球，但干净的饮用水资源却非常匮乏。这可不是我们世界原本的面貌，这个世界原本为身处其上的居民准备了大约两千亿升的水。

让我们以消耗的角度对这个问题进行思考：假设在一般情况下，人均每天消耗 5 升水，现有的水应该够人类使用 1 亿年以上。这种情况是建立在人类消耗掉的水不可再次使用的前提之下。事实上，我们所消耗掉的水，大部分又会被排放回原始环境中。当然，5 升水只代表我们的直接消耗。一个典型的西方水资源用户可在一天的时间内用掉多达 10 000 升的水——部分用于清洗、浇灌花园和冲洗厕所；部分则用于他购买的商品和食用的食物。仅仅生产一个汉堡，就需要用掉大约 3 000 升的水（直接消耗与间接消耗），而生产 1 公斤装的咖啡则需要用掉 20 000 升的水。（大多数水会被循环使用——这些水并不会留在产品之中。)

当然，问题并不存在于获取水资源的困难程度，而是获取洁净饮用水的问题——那些需要水的人，并不能在恰当的地方得到足够多的洁净饮用水。正是出于这个原因，水资源短缺问题才上升到了能源问题——在水净化过程中消耗能源的问题。进行海水淡化、清除污水中的脏物、将水输送到需要它的地方，都需要大量的能源。而超导性的介入可以克服这里出现的能源消耗问题。在水处理工厂中，对废水进行清理与净化河水以供使用所采用的水处理设备的造价都比较昂贵，且必须在规模化使用时才具有成本效益。然而，在现实情况中，很多时候我们需要一个小型的、分布式的水处理系统。令人惊讶的是，超导体为水处理提供了一个既有成本效益，又比传统水处理工厂更为简单的解决方案。甚至，它的处理速度更迅速。

时代 量子　更多的应用在路上

未来，还将会出现更多使用超导体的方式，前文中介绍的这些例子仅是开始。在超导电缆的研究上，大量的工作已经完成。如我们所知，从昂内斯时代起，人们就意识到电力网的最大缺点是它在传输中出现的损耗——因对抗电缆中的电阻而损失掉的能量。虽然超导线缆可以传输大电流，但它们相较于传统电缆而言却非常昂贵，且还需具备接近室温的超导体才具有可行性。

因此，超导线缆的进一步研究具有重要意义。超导储能也是如此。例如，风能或太阳能可以产出清洁能源，但它们的缺点是——在需要的时候不一定能产出足够的所需能量。这时，储存能量则显得尤为重要，我们可以在平时将能量储存起来用于关键时刻。目前，人们通常选择在高处建立水库（将水抽至高处留存），在需要用电时利用水力发电解决瞬时高能量供应。日本和韩国在这方面正进行着科学尝试，他们试图将超导线圈应用于能量储备中，这种方式可将能量保存于磁场中，在需要的时候释放出来。这样的方式显然比水储存更高效，且速度更快。但目前，它们只能在相对小的尺度上进行工作。

时量代子 量子计算

超导电性也许暂时还未出现在你的厨房中（这需要等待真正的室温超导体的出现），但它已在我们的生活中起了重要的作用。这里，我们不得不提到量子计算，它对我们的生活影响极大。不论是使用智能手机上网，或是在陌生的城镇里寻找方向，或是坐在我的桌边撰写本书，计算机都是我们生活中的一个重要组成部分。即使是那些不接触计算机的人，也会使用到内嵌计算机的技术，比如：洗衣机、汽车、家用录像机。作为电子设备，这些计算机都是量子器件。将量子物理引入到计算机并上升为核心地位的这一可能性已整装待发。在见到这类计算机之前，我们需要弄清楚一个问题——爱因斯坦为何因骰子而纠结。

10 幽灵般的纠缠

也许，量子理论最令人担忧的方面就是爱因斯坦表现出他的厌恶。事实上，爱因斯坦并非不能犯错。但当爱因斯坦这样的科学伟人对某个理论产生厌恶时，我们很难忽视他的看法。

时量代子 上帝不掷骰子

接下来，我们讨论量子物理学中的另一个领域。在这个领域中，北爱尔兰的物理学家约翰·贝尔（John Bell）起了举足轻重的作用。他曾作出过这样的评论："就我所说的这个事情，爱因斯坦的智慧应在玻尔之上，爱因斯坦能清楚地看到自己需要什么，而玻尔却完全迷茫。他们之间存在一条巨大的鸿沟。"也正是贝尔的言论，引导了众多科学家去验证爱因斯坦观点的正确性。最终，贝尔坚定地站在了爱因斯坦那一边。

爱因斯坦对光的量子属性并没有什么疑问。爱因斯坦坚决反对量子事件是基于随机性和概率而存在。事实上，量子事件构成了我们的全部的真实世界。爱因斯坦确信，如果我们能对光的量子属性研究更深入，人们将会发现"隐藏的变量"。这一变量会对量子粒子的属性进行真实的、固定的赋值。

基于前面提到的这些因素，爱因斯坦在1926年给他的朋友马克思·伯恩（Max Born）写了一封信，后者一直试图在概率上解释量子属性。爱因斯坦在信中说："量子力学令人难忘，但我内心的声音告诉我，现有的量子理论还不够真实。理论陈述很多，但却并未真正走近‘上帝’的秘密。我确信，上帝不掷骰子。”

如果你想透彻地明白爱因斯坦表达的深意，请想象一下抛硬币的场景。普通的抛硬币场景是，向上抛起的硬币回落到你的手背，你用另一只手掩住它。假如要给出一个公平的答案，我们只能回答，此时硬币以正面或反面朝上的机会各占 50%。事实上，我们都明白，硬币一定有一面朝上，只是我们在拿开掩着硬币的手之前无法确定真相。这一信息（答案）就藏在抛硬币的事件中，藏在某个“隐藏变量”里。在上述案例中，“隐藏变量”就是硬币。然而，从量子特性来看，量子粒子与硬币完全不同。在观察之前，量子粒子只处于一个叠加状态，而并非“正面”或“反面”（或任何可能）中的某个确定值。它只是具有两个概率，通过这两个概率对任一特定结果的似然性进行确定。

时量代子 爱因斯坦的玻尔争论

虽然，在写给伯恩的书信中，爱因斯坦抱怨伯恩将薛定谔方程与概率联系起来，但爱因斯坦的首要攻击对象却是尼尔斯·玻尔，即在当时日渐占据主流地位的量子理论的“始创者”。（当玻尔在丹麦的哥本哈根运算中心建成以后，甚至还流行着一条被人们普遍接受的、与量子理论相关的阐释，人们称其为“哥本哈根解释”。）爱因斯坦很快找到了办法以向玻尔施加压力。从 1911 年开始，物理学的大咖们就聚集起不断地开着各种会议，后来人们将这一系列的会议统称为“索尔维会议”。这些会议最初是由比利时实业家欧内斯特·索尔维（Ernest Solvay）发起，他希望有一群聪明的参与者能为自己解决困惑，他自己静静地靠在边上，让真正的大咖们齐聚于这场顶级的科学大会。在 1927 年和 1930 年的两次大会上，爱因斯坦缠住了玻尔，并给他介绍了一系列的思想实验，爱因斯坦希望通过这些实验能证明量子理论的失败。

一些问题，玻尔似乎总能直接化解；一些问题，玻尔必须日夜不休地工作才能在早餐时以讽刺口吻指出爱因斯坦的错误，以消除爱因斯坦对量子理论的挑战。

时量代子 EPR悖论

在1930年大会之后的5年时间，爱因斯坦一直对这个话题保持缄默，而玻尔也窃以为来自爱因斯坦的挑战已经结束。然而，爱因斯坦在1935年发表了一篇论文。他相信自己的这篇论文将会在量子学界激起巨浪，且能指出量子理论中存在的一个缺陷。具有讽刺意味的是，他所描述的现象并未起到他预想中的效果，而是助推了量子物理学的发展。这一理论后来还被证明为现代量子理论的核心支柱。

爱因斯坦为这篇论文取了一个粗陋的名字——“量子力学对物理现实的描述，能被认为是完整的吗?”还有两名年轻的物理学家参与了这篇论文的创作，他们是鲍里斯·波多尔斯基（Boris Podolsky）和纳森·罗森（Nathan Rosen）。这篇论文最终以他们三人名字的首写字母而闻名——EPR悖论。

EPR悖论描述了一个思想实验。在这个实验中，粒子可以被分为两个相等的部分，向两个相反的方向飞去。根据量子理论，在一段时间之后，这两个粒子不会具有确切的值（比如，它们不会具有确切的动量或者位置）。相反，这两个粒子只具有一系列的概率，只有在人们进行测量时，这些概率才会坍缩为一个实际值。思想实验假设，当两个粒子相距很远时，我们对其中一个粒子进行测量。如果我们测量的是这个粒子的动量，那么，通过动量守恒定理可以得出另一个粒子与它的动量大小相同方向相反。爱因斯坦指出，事实上，直到测量的那一刻我们也无法确定那个粒子的动量的固定值。至于距离更远的那个粒子，就更没办法测量了。

爱因斯坦在论文中还指出，对粒子方向的确定也是类似道理。但不幸的是，EPR悖论指出了所有的测量值使其显得杂乱且混淆，它似乎是对不确定原理进行全面挑战。论文分别考量了每一种测量的方式。此外，论文的用词也容易让人产生误解。在论文发表的时候，爱因斯坦的英语水平还非常有限，他的文章不得不依赖于合作者的帮助。

时量代子 无处不在

EPR悖论得出的结论是：要么，量子理论是不完整的，在上述的思想实验中还有隐藏的我们尚不知道的值，这一思想实验的结果并非量子理论中提及的概率造成；要么，它意味着我们无从去假设宇宙的一个属性，即这个让万物各有其位且真实存在的属性。如果量子理论是正确的，爱因斯坦思想实验中的“远距离的幽灵行动”则必然存在，即远距离的粒子通过某种方式具有了与对方立即沟通的能力。这与爱因斯坦的相对论及光速为最大速度的假设是明显矛盾的。

其实，这些粒子之间的联系就是量子纠缠。量子纠缠总是在量子世界中频繁出现。爱因斯坦的原意是用粒子之间的联系反驳量子理论学家，但当薛定谔创造出“纠缠”这个术语时，量子理论学家的大脑被点燃了。薛定谔说：“我不会将‘纠缠’称为量子力学的特性之一，因为‘纠缠’是量子力学的唯一特性，正是这一特性将量子力学从古典思维方式中完全剥离出来。通过相互作用，两个量子态会互为纠缠。”

最初的EPR悖论的提出仅被看作是对量子理论发起的一个有趣的挑战，但在20世纪60年代，约翰·贝尔（John Bell）提出了一种间接的方法以区分“纠缠”和“隐藏的变量”。20世纪80年代，诸如法国物理学家阿兰·阿斯佩克特（Alain Aspect）这样的实验家们证实了爱因斯坦的错误：纠缠真实存在。

时量代子 即时通信器

在量子纠缠中，还存在许多诱人的东西。人们只有彻底弄懂了这些诱人的东西，才能有效地加之利用——使一个粒子发生改变，并立即反映在与之对应的另一个遥远的粒子上，这样，我们就有了即时通信。通讯时间延迟的问题一直困扰着我们，语音信息在远距离传送中的时间延迟很大。我们进行空间航行，从地球向火星发送无线电信号，单程需要传输 20 分钟的时间。如果我们有能力让无线电信号抵达其他恒星，比如距离我们最近的比邻星，其单程需要传输 4 年的时间。

也许空间传输不是我们在近期内急切需要解决的问题，但在地球范围内长距离引起的通讯时间延迟也不容小觑。还有一个有趣的论点，从技术上讲，即时通信使逆时间信息传送成为了可能。如果有了即时发送消息的能力，再有了一个在时间上处于缓慢运行状态的接收器（根据狭义相对论，只要接受器高速运动即可），二者相结合就能实现信息逆时间传输。

然而，当人们意识到量子纠缠也许会为即时通信带来高级应用后不久，失望接踵而至。虽然纠缠能使信息从 A 点瞬间转移至 B 点，但这个信息却是随机的，且处于我们的控制之外。比如，我们利用一对粒子的旋转特性作实验。在特定情况下，粒子以两种自旋（上旋或下旋）的方式出现，概率分别为 50%。在我们测量粒子 A 的时候，它可能表现出的是下旋，而同一时刻，粒子 B 却表现出上旋。然而，在测量时，我们无法控制粒子应当表现为何种叠加值。B 粒子上旋的事实只能告诉人们，“远端”的 A 粒子正表现为下旋。但这一事实并不能带来任何有用的信息，因为它只是描述了一个自然的随机事件，并非我们想要传递的信息。

尽管存在很多疑惑，但即时通信的吸引力是非常强大的，年轻的物理学家们大多都希望进入这个领域以获得挑战性的成功。有些人的研究甚至更加深入。早在 20 世纪 80 年代，美国物理学家尼克·赫伯特（Nick Herbert）就提出了关于这方面的观点，在当时，即便理查德·费曼（Richard Feynman）这样的专家也挑不出他的毛病。赫伯特试图对光子的偏振属性进行利用，这一属性后来被用于我们常见的液晶显示器。

时量代子 偏振信息

偏振具有两种不同的形式——线偏振与圆偏振。在线偏振中，不同光子的偏振排列于相同（或至少相似）的方向；在圆偏振中，偏振方向随时间而旋转。赫伯特的想法是：首先将一对光子置于纠缠态，然后使“本地”光子通过一个偏振滤镜，选择性地让其发生线偏振或圆偏振。这两种形式的偏振可以对应于0或1，使系统能够以二进制作即时通信。随着“本地”光子的极化，“远端”光子会立即反映出“本地”光子的情况，无论它们相隔有多远。

这一想法存在一个比较大的问题：就单一光子来说，你无法确定它发生的偏振模式。比如，通过检查光子是否向一个特定方向发生了极化，可以得到一个“是”或“否”的答案。但这个答案无法指明具体的偏振模式。所以，赫伯特打算在“本地”光子发生极化之前，把“远端”光子通过激光增益管发射出去。激光增益管这种装置可以产生多个光子的拷贝。“远端”的光子束将被一分为二，一半进入线偏振检测器，另一半进入圆偏振检测器。赫伯特认为，这将有助于解决自己想法中的问题。

不幸的是，他的逻辑是错误的。激光增益管不能完美地复制光子。激光增益管能生产出多个与原始光子类似（例如在能量上）的光子，但它们的量子属性却并不相同。事实上，根据“不可克隆定理”，要创建出与某个光子完全相同的第二个光子是不现实的。这个量子物理学定理表明，与之最接近的且能实现的方法是——在制成一个完美副本的同时毁掉原件。我们将这一过程称为“量子隐形传态”，但它仍然不能“繁殖”出多份拷贝。因此，激光增益管并不能解决实际问题。

时量代子 量子加密

自赫伯特之后，再没人思考纠缠在即时通信中的应用了。看上去，似乎不会再有科学家会触碰这个问题。然而，量子状态的随机性虽然阻碍了我们发送即时消息，但它却证明了纠缠可以对数据加密带来好处。自人类开始通讯以来，信息加密就是我们一直面临的挑战。早期，隐藏是信息加密最常见的方法。人们将信息记录在一片平板上，并用蜡状物覆盖，更有甚者在蜡状物上写下无关紧要的掩饰信息。对我们今天的现代化和快节奏的生活来说，这样的做法显然过时了。

早在罗马时代，信息加密就成为了人们的重要需求。最简单的方式，就是使用不同的语言。只要我们选择的语言是窃听者未知的，这一方法就能奏效。最近一次使用此方法的事件发生在第二次世界大战期间。在太平洋战场，“纳瓦霍密码”被用于传递美军军事信息，当然，使用这一密码是建立在一个合理的假设之下，即日本破解该密码的可能性极小。如果这个方法失败了，我们还可以通过构建假语进行加密。在假语中，其单词（可以是无意义的词汇，也可以是普通英语词汇）代表着与其字面意义不相符的信息。

由于密码与真实含义形成了差别，所以它提供了一个非常强大的方式以隐藏我们需要的信息。但它也存在一些缺点：密码通常是一些特定词汇或信息，使用者必须熟练掌握才能灵活运用；它还要求每个接收端和发送端都需配备一个密码簿，密码簿的遗失以及被复制通常会为加密带来毁灭性的灾难。因此，密码运算即对信息作编码处理，通过某个规则对信息中每个字母的含义进行系统的定义。

最简单的密码即“凯撒密码”，始于罗马时代。在这一密码体系中，信息发送者会按字母表的顺序对要发送的词进行一定量的字母偏移。例如，我们将偏移量设置为3（3是罗马人喜欢的数字），那么A就变成了D，B就变成了E，依此类推。通过这种方式，像“start a bombardment（开始轰炸）”这样的消息就变为了“vwduw d erpedugphqw”。或者，我们可以对其再次变形，加密为“vwduw derpe dugph qw”，即将字母分割为整齐的长度（每5个字母一组）。这样，破解者将更加难以找出解开它的线索。

像这样的简单密码，事实上易于被人们破解，尤其是破解者在对这一语言较为了解时。有些人对字母的辨识度非常敏感，且能很快发现蕴藏其中的变化。他们只需要通过频率表的猜测，就能逐步找到其替换原理，进而破译信息。时至今日，不使用密钥的密码已非常少见。“凯撒密码”中，字母的替换具有统一的位移值；在密钥中，信息中的字母的替换具有不同的位移值。一个简单的密钥可能只是一个单词，这个单词会被重复地“添加”到需要加密的文本中（按组成密钥的字母在字母表中所处的位置，依次将这些位置所代表的值加到需要加密的信息之上）。当然，还有一些更复杂的方法可以生成更复杂的密钥。

不可破译的消息

原则上，大多数基于密钥的密码都可以被破解。比如，在第二次世界大战中，德国的恩尼格玛密码机生成的密码就非常容易遭到破解，因为它有较大概率重现密钥使用的方式。还有一种密码算法，自 20 世纪初以来沿用至今却无从破解——一次性密钥。一次性密钥使用了一个完全随机的密钥——将一串随机数字添加到文本中以实现加密，当这串数字被移走时实现解密。密钥的长度与信息的长度相同，因此，加密后得出的是一串随机的字母，人们难以破解。即使你用尽一切办法破解了其中的小部分信息，也不会为全局的破解起到任何帮助。

与此同时，这种方法也存在一个缺点。这个缺点与之前提到的密码簿的情况类似，即如何保障密码簿的安全。使用一次性密钥时，密钥的随机值必须让信息的发送者和接收者均知道。然而，这些随机值传递的方式并不保险且容易招致拦截，无论是通过无线电还是通过实物传递（印在纸上或储存在记忆棒上）。一旦窃听者拿到了随机值的副本，即彻底破解了。

这时，量子物理学尤其是量子纠缠就派上了用场，因为量子粒子的行为在本质上就是随机性。我们可以利用这一特性，在需要使用密码之前即时地生成一次性密码，这并不困难。与传统加密方式类似，我们依然需要将一次性密码从一端传递到另一端。这样的过程不可或缺，只有经历了这样的过程，接收者才能对发送者已加密的信息进行解密。量子纠缠正好可以解决这个问题。

我们对纠缠量子的状态值作测量，并用这个值建立密钥。那么，对通信双方的任何一端来说，只有密钥被使用的那一刻才会存在。在这种方式下，密钥不需要被储存起来，也不需要被传输。想象一下，如果我们利用的是量子的自旋特性，在测量时，自旋可以处于上旋或下旋的状态并进行赋值。例如，“上旋”赋值为1，而“下旋”赋值为0，一个二进制形式的密钥就形成了。在发生纠缠的粒子中，当人们进行测量时，自旋出现上旋或下旋的概率为50%。因此，发送者对粒子序列进行测量之前，密钥是不存在的。但发送者在开始测量的那一瞬间，接收者会同时得到正确的密钥值以对信息进行解密。

这种方法的唯一缺陷是，第三方可在密钥使用前拦截纠缠粒子生成密钥。然而，这一过程是可以被监测到的，因为拦截会打破粒子的纠缠状态，我们可以通过对粒子状态的监测以确定是否出现了拦截。如果每隔几个粒子就进行一次这样的检查，就能保证这一链路的安全，阻断被拦截的风险。

时量代子 将我传送出去

还有一项对量子纠缠的运用也令人印象深刻，那就是《星际迷航》中描绘的最激动人心的技术——传送。量子纠缠将其带到了现实之中。在电视剧《星际迷航》中，这一技术被设定为：当企业号宇宙飞船将要把某物或某人传送到行星表面上时，会对其粒子构成进行扫描，之后在目的地对其重组。在《星际迷航》中，如此设定的初衷是为了节约成本，因为飞船着陆场景的设置需要购买昂贵的模型。在剧本中设定了传送环节后，昂贵的道具费就省下了。这一设定却成就了一个了不起的概念——至少就科幻层面而言。但在现实中，它却充满了漏洞。

20世纪50年代，文森特·普莱斯（Vincent Price）主演了一部电影《苍蝇》。这部电影在1986年被再次翻拍，杰夫·高布伦（Jeff Goldblum）在影片中扮演一名不幸的科学家，这位科学家发明了一台物质传送器。在电影中，人们对一个小问题产生了疑惑——一只苍蝇跟着受试对象走进了传送室，并最终生成了一个可怕的人蝇混合物。显然，这样的事情在现实中难以发生。如果苍蝇可以和人体混合，那么，传送室中占比具有绝对优势的空气分子似乎更能与人体混合。这一问题的重点在于，要安全地扫描并重组一个人的所有原子是一件非常困难的事情，这远远超出了我们可以涉及的范畴。因为，人体大约有 7×10^{27} 个原子，全数扫描它们估计需耗费数千年的时间。

时量代子 发送复制品

物质传送器还具有另一个不现实性，它来源于我们熟知的“不可克隆”定理。根据这一定理，量子粒子不可被复制。电影中，物质传送器并非真将某样东西从 A 处移动到 B 处，它只是执行了复制操作。然而，引入量子纠缠，一切问题将得以解决。通过使用纠缠粒子，我们可以将某个粒子的量子状态瞬间转移到另一个粒子。这样，就绕开了“不可克隆”定理。因为，在转移过程中，信息只是从一个粒子转移到了另一个粒子。

实际过程中发生的事情是这样的：有一对处于纠缠状态的粒子，一个在发送端，另一个在接收端。发送端那个处于纠缠状态的粒子会与即将被传送的粒子发生相互作用并形成某些信息。发送端会采用常规方式把这些信息发送到接收端，并告诉接收端对另一个纠缠状态下的粒子做出处理。处理后，将会产生出与原始被传送粒子状态相同的最终粒子。而作为此过程的一部分，原始粒子的量子态会被扰乱——因此，由原始粒子所组成的任何东西都将被分解。

基于此，无论是哪位科学家想发明类似于电影《苍蝇》中的物质传送器，都会陷入一种思考——他真正要发明的并非物质传送器，而是物质复制器，这一设备将在远程位置生成精确副本并将原件摧毁。如果，我们将人送入了这样的传送器。那么，在另一端出现的人将是被传送者自己，这个人将具有被传送者的记忆、思想，身体细节的完美复制。而传送机另一端的“人”将在同时被销毁，变为尘埃。

在现实中，做到整个人体原子的扫描并在另一端重现的概率极低，量子物理学家的字典中从无“绝对”这个词。虽然传送器并不现实，但对于某一类特殊类型的设备而言，这一理论却是福音。这类特殊设备可以将量子信息从一个地方传输到另一个地方，却并不在意它传输的内容。这是非常重要的，因为要知道传输的是什么信息，就迈不开测量过程，测量会造成量子粒子发生不可挽回的改变。这类特殊设备利用了量子叠加和量子纠缠的特性，而这类设备能完成的任务将比普通计算机更强大。

量子时代的下一步，将是量子计算机的使用。

11 从比特到量子比特

当下，计算机已成为了我们日常生活中的必需品。我们用计算机进行教育、工作、娱乐，我们使用智能手机实现互联互通。在维多利亚时代，“计算者（Computer）”就已存在，只是这里的计算者是人，处理数字工作的人。查尔斯·巴贝奇（Charles Babbage）的工作，使“计算者”这个词首次有机会去代表一些不同的东西。1821 年，30 岁的巴贝奇正在吃力地查看着一组新的天文表。

时量代子 用蒸汽计算

巴贝奇是一个富有的人，他并不需要像传统“计算者”那样从事这样的职业以赚钱生活。他只是帮助他的朋友约翰·赫歇尔（John Herschel）[天文学家威廉·赫歇尔（William Herschel）的儿子，天王星的发现者] 处理天文表的工作。巴贝奇并未对自己的工作感到压抑，他曾吼出：“上帝，赫歇尔！我真希望这些计算可以通过蒸汽来运算。”就像传说中的那样，这就是他杰作的灵感。不久，巴贝奇就着手设计一个机械计算器，以替代繁琐重复的人力计算，且还能使计算结果更加精确。这将是一个特别的计算机。

巴贝奇设置的差分引擎是一个齿轮建造的结构。首先，在一系列拨号盘上设置好要输入的值，然后再反复地转动一个手柄，便能逐步得出结果。巴贝奇最终只建成了这个机器的一小部分（今天的伦敦科学博物馆有一个全尺寸的版本），因为他的心已飘到了某些更高级的东西上。

与人类计算者相比，这个差分引擎存在一个问题：受限于那些齿轮所确定的运算方法，这台机器仅能进行一些简单的算术运算，远不如人类计算者的大脑灵活。巴贝奇的差分引擎将运算指令死板地写在了设备中，巴贝奇想跳出这一过程。他希望绕过差分引擎。这时候，政府不开心了。因为政府已为巴贝奇提供了17 000 英镑的赞助金。在今天，这笔钱大约值13 000 000 英镑。当时的政府官员们期望着巴贝奇能为他们换来回报，而巴贝奇却只给了他们一部尚未完成的机器。

原本，这将是一部非常强大的机器的，但另一个构思却让巴贝奇转移了注意力。在新的构思中，巴贝奇使用了一组灵活的指令，这些指令通过卡片输入到他的机械计算机。在卡片上，他用打孔方式形成了某些图案。这种卡片早在法国的提花织机中就被人们所使用，人们利用卡片上的一系列孔洞来定义图案，革命性地推进了丝织行业。巴贝奇思索着：控制织机的装置，或许也能控制计算引擎，并同时提供数据以及处理这些数据的指令。原则上，这台机器几乎能进行任何的计算。

分析引擎，这就是巴贝奇对真正机械计算机的伟大构思，但它却从未被建成。也许，受限于当时的工程技术这是不可能完成的任务，但巴贝奇的确对计算机的包括从需求到发展的整个过程，都进行了思考。例如，在存储和处理数据上，都采用独立的机器部件。如果当时的他能关注到一名女性的重要工作，他也许能走得更远，至少在论文水平上。接下来，我们为大家介绍这名女性，她通常被描述为第一名女程序员，但她却从未看见过计算机。

这个谜一样的女人是奥古斯塔·艾达·金（Augusta Ada King）。她是洛夫雷斯（Lovelace）伯爵的夫人，也是浪漫主义诗人艾达·拜伦（Ada Byron）的女儿。她年轻时就与巴贝奇相识，如果不是母亲打定主意要将她嫁给贵族，她也许会和巴贝奇结婚。艾达·金（更广为人知的名字是洛夫雷斯伯爵夫人）翻译了一篇意大利科学家路易·吉布利亚（Luigi Menabrea）以法语著述的关于分析引擎的论文。她不只做了文献的翻译工作，还追加了很多关于分析引擎的潜在用途的注记。传说中，她还编写了程序，这种说法似乎有点夸张。如果巴贝奇没有冷冷地拒绝她的帮助，也许会获得更大的成就。然而，现实不可改变，分析引擎最终并未能面世，也没人有机会对它进行编程。

时量代子 真正的计算机之父

虽然并不准确，但巴贝奇经常被人们称为计算机之父。这个不准确的说法源自于温斯顿·丘吉尔（Winston Churchill）的过错。由于丘吉尔的偏执，西方世界对一个叫艾伦·图灵（Alan Turing）的年轻人亏欠甚多，而我们也只是在最近才意识到了这点。巴贝奇可以被称为计算机的祖父，图灵才是真正的计算机之父。在计算机运行的演进上，巴贝奇的工作走进了死胡同，并没有与计算机技术与产业发生实质联系，而图灵奠定了计算机产业发展的基础。由于丘吉尔的坚持，在第二次世界大战期间，图灵在布莱切利公园的密码破译工作以及他对计算机行业做出的贡献被深埋起来。主要原因是：丘吉尔希望英国在密码破译方面取得成功，且能对战后的英国的敌人实现隐瞒。这样，图灵的功绩则被淡化，造成了历史对他的亏欠。

艾伦·图灵已成为了一个传奇人物。他是绝顶聪明的密码破译者。同时，他对计算本质的分析为今天的现代数字计算机奠定了基础。虽然这种奠基方式至今仍未得到完全公认，但这确实是铁一般的事实。他的传奇，部分原因来自一件被反复提及的事——图灵在41岁时死于自杀，自杀的原因始于当局对图灵的调查。图灵因同性恋而受到迫害，在当时的英国，同性恋是非法的。

图灵因为自己的“罪行”遭受了残酷的惩罚，他经历了一次“化学阉割”治疗——接受女性荷尔蒙治疗以避免牢狱之灾。（图灵直到2013年，才得到英国政府的赦免。）曾有人提出，这种治疗对图灵的摧残是巨大的，以至于他吃下了涂有氰化物的苹果而自杀。现实情况是，在图灵死的时候，他已从惩罚中恢复出来并过上了快乐的生活。不过，在图灵的卧室的旁边有一个实验室。这个实验室一直进行着一些化学实验。有人认为，这一实验室产生了某种氰化物生成的烟雾，正是这些烟雾杀死了图灵。这一切看上去就像一场不幸的事故，而非自杀。无论图灵的死因为何，他留下的宝贵遗产却毋庸置疑。

时量代子 终极极限

图灵在布莱切利的工作展示出了计算机的强大力量，他还发出了一个“通用计算机”的假说对计算机的工作原理进行解释。他是第一个认识到计算机局限性的学者。现在，我们习惯于计算机生产厂每年都能给我们带来更强大和更快速的计算机。多年来，我们将处理器计算能力的增长称为“摩尔定律”，这是由英特尔创始人戈登·摩尔（Gordon Moore）得出的观察性结论。从1965年起，计算机芯片上的晶体管数量（可依此粗略计量计算机的计算能力）每年都在翻倍。后来，这一规律被修改为每两年翻一番。自那时起，摩尔的预测一直延续至今。但这种不受控制的增长显然不会永久持续下去。

到了某个特定的时候，这种增长将达到物理极限。芯片电路的日益趋小化，意味着电路将被逐渐缩减至对单个量子粒子进行操作的水平。到那时，电路的发展将停滞。在那样的水平上，量子效应（如隧穿效应）将会给芯片的运行带来严重的问题。尤其重要的是，艾伦·图灵曾提出的——无论硬件能力达到何种水平，软件能力终究难以突破一个根本性的限制。因此，他才提出了通用计算机设计理念。

图灵认为，一些问题将永不能由计算机解决。对于这些问题，计算机甚至需要花费比宇宙寿命还长的时间进行破解。例如一个得到证实的案例——人们将永不能设计出一个程序，让它来决定所输入的其他程序最终是停止还是永远运行下去。还有一个人们非常熟悉的例子——网路上计算从A点到B点的最佳路径（这会消耗极大的运算时间）。当计算机处理卫星导航时，只能使用近似法而无法得出确切的结论。

图灵假想的通用计算机的部件中包含纸带，纸带上有可读写或可擦除的0和1。如果我们将传统电子计算机想象为拥有一系列的开关，会使我们的理解更加容易。每个开关都会出现2个可能的结果，我们分别用0和1代表。从图灵的概念版计算机到你的笔记本电脑或智能手机，它们都是在一系列指令（这些指令本身也以 0 和 1 的形式进行存储的）的控制下运行，即控制闭合开关。正是这些开关的闭合，导致了 1 和 0 之间的变化。在计算机的存储芯片上，电路的每个微小组成部件都等效于 1 对电子设备——1 个电容和 1 支晶体管。电容是存储装置，用 1 个电荷代表比特；晶体管是开关，使电容处于读取或改写状态。

时代量子 量子之助

虽然任何类型的电子产品都是量子器件，但图灵设想的计算机面临了一个新的挑战，即真正的量子计算机。它将把所有的东西带入一个新的水平。过去的计算机将基于 0 或 1 取值的单个比特存储为一堆电子所构成的电荷，与此不同的是，量子计算机利用了被称为量子比特（英文发音是丘比特）的单个量子粒子的状态来确定单个比特的取值。因为它是量子粒子，所以它可以处于叠加态。比如，在通常情况下，你可以利用粒子的自旋特性存储信息。粒子在测量时，可以是上旋或下旋两个值中的任何一个值的概率。我们拥有的不再是非 0 即 1 的比特，我们拥有的是从 0% 到 100% 的连续的概率，这将使计算机的能力得到极大扩展。

简单地说，这就像你向计算机加入了额外的比特那样。传统中，8 位比特即 1 个字节，可存储 4 个 2 位比特的数字（从 0 到 3 的 4 个数字）。8 位量子比特却能存储 2^8 个 2 位比特的数字（256 个数字）。在某种意义上来说，叠加并非必须按 50：50 的方式进行，量子比特因此就可以存储无限长的十进制数字。假设，你将量子出现 100% 概率上旋定义为自旋箭头方向向上，而出现 100% 概率下旋定义为自旋箭头方向向下。那么，当你测量出量子实际出现上旋或下旋概率时，你就可以在 12 点钟与 6 点钟方向之间确定出自旋箭头的实际指向，从而得出从 0% 到 100%（即 0 到 1）之间的任何一个数字。实际上，量子比特具有模拟性质而不具有数字性质，它保有的是平滑的变化量的值而不是增量值。它给予一台计算机以极大的扩展能力，至少在理论上是这样的。

操作量子比特并不容易——叠加态容易坍缩，且要利用这些概率值也非常困难。如果这点可以实现，量子计算机将能完成常规计算机需要耗费整个宇宙的生命周期才能完成的计算任务。

如果你将读取传统比特与读取量子比特的过程作比较，你会很快明白量子计算机的工作为何会有如此精密的要求。传统的比特，根据它是否保有电荷将呈现出 0 或 1 的取值。除非你改变比特的值，否则，比特将会无限地将原值保存下去。这种形式比较简单。现在，再想一想以量子粒子自旋形式存储的量子比特。自旋是粒子的一项特性，直到测量之前，量子比特都不具有实际的值，它只是概率的集合。假设某个量子比特有 40% 的概率自旋向上，有 60% 的概率自旋向下，那么量子计算机或许会把这个概率值当作 0.4。如果我们以第三者的身份测量自旋，将会得到向上（假设定义为0）或向下（假设定义为1）的结果。我们测量 100 次，会测得 40 次 0 和 60 次 1。由此可以看出，我们不能简单地通过一次测量就得出量子比特的值。这样的结果也说明，量子比特是以模拟的方式进行工作的。可是，它的值被读取出来后却成为了数字形式，这是尤其令人沮丧的。

时量代子 雾件算法[①]

有人在思考量子计算机的编程方式，艾达·金却在思考如何使用巴贝奇发明的却又并不存在的分析引擎。她发现，在编程方式与分析引擎之间存在着惊人的相似性。正如金对程序的思考，其他一些科学家也在思考量子程序如何运行。虽然我们还未能大幅超越 2001 年所达成的突破，没能拥有足够大型且稳定的量子计算机，但我们已经写出了量子计算机的算法。当量子计算机正确地计算出 15 的因子为 3 和 5 时，我们就已写出了正确的量子计算机算法。算法在本质上就是程序的逻辑展现。在量子计算机上，我们可以通过某种量子计算机的算法来解决某些问题，而这些问题采用其他方法是无法解决的。

① 雾件：未能商品化的软件或硬件设计。

计算15的因子用了一个强大的量子计算算法，这一基础性算法是由美国电话电报公司（AT&T）彼得·秀尔（Peter Shor）创作的。在1994年时，这是一种使用量子计算机计算数字因子的方法。因子即相乘的数字，因子的乘积将得出一个更大的数字。在这一过程中，计算机所进行的数字处理量是巨大的，用常规计算机运行需要好几千年才能完成。奇怪的是：虽然这一算法具有极大的潜在用途，且为较简单的量子计算算法之一，但大多数计算机科学家仍然希望这会是一个永远也不能实现的算法。

专家们如此担心是有原因的。要保证互联网的安全传输就必须有加密方法，而破解加密方法的难度等同于计算出这些因子的难度。你在网页浏览器上通常会看到一个小挂锁的符号（例如，你输入信用卡信息的时候）。小挂锁意味着，此时的数据传输使用了一种被称为RSA的加密算法，这是一种公钥/私钥系统。这是一种将同一个编码用两份密钥进行数据加密的方法，密钥的值被用来隐藏数据。其中一份密钥即公共密钥，用以对消息进行加密。这份密钥可以被分发给任何人，但如果没有私钥，则无法解密信息。而私钥的保存方，在这个例子里就是银行。这意味着，任何人都可以加密他们发送给银行的信息，但只有银行能读取到结果。

这一算法是由三名麻省理工学院的计算机科学家罗纳德·李维斯特（Ronald Rivest）、阿迪·夏米尔（Adi Shamir）、伦纳德·阿德曼（Leonard Adleman）（简称RSA）于1977年设计而出。事实上，他们并非这一算法的第一发现者。这个方法最初由英国科学家克利福德·柯克斯（Clifford Cocks）在1974年开发。柯克斯当时在英国政府国家通信总局（GCHQ）的情报通信中心工作，他的开发成果被作为秘密保护了起来，直到RSA发布后才得以解除保护。私钥的基础是两个非常大的素数，这两个素数相乘后会产生更大的数字，而这个数字是公共密钥的一部分。所以，不知道这两个素数就不能解码消息。我们要找出一个巨大数字的素数时，如果用常规计算机的话，通常需要计算很长的时间。因此，这个加密方法具有较高的安全性，但秀尔的算法带来了新突破。秀尔的算法能在相对普通的量子计算机上计算出因子，这给计算界带来了忧虑。

时量代子 量子寻针

当然，突破安全网站是秀尔算法的使用方式之一，它还能被应用到更广泛的计算问题上。从格罗弗的搜索算法中，人们又建立起了另一种对量子计算机进行编程的强大方法。鲁弗·格罗弗意识到，如果在未建立索引的情况下对数据库进行筛选，量子计算机相较于传统计算机更具有优势且优势巨大，以至于格罗弗在古板的期刊《物理评论快报》上投稿的文章命名为“量子力学助你实现大海捞针”。

计算机在信息检索上是快捷的，它使用了巧妙的技术来实现这一过程。这些技术中最简单的就是索引技术。举个例：你将为某个公司建立一个客户数据库并使用索引实现信息的快速存取，例如对姓名或客户编码的索引。如数据库里存有100万人的信息，理论上，你也许需要在搜寻了999 999个人之后才能找到你需要的信息。这将是令人沮丧的。即便取均值，你也需在搜寻了50万条信息后才能找到你的目标。然而，利用量子计算机和格罗弗的搜索算法，可以保证在1 000次搜索后找到你需要的信息，因为量子算法会在信息数目的平方根上进行运算。

有人会说，这看上去或许并无必要，今天的谷歌和其他一些搜索引擎似乎可以在眨眼间就在巨量的数据中完成检索。事实上，这些搜索引擎都是通过不断建立索引以达成目的，而索引的建立对能源和存储空间都是一个巨大的消耗。面对这些巨量信息，量子搜索引擎将会为我们带来革新。重要的是，量子搜索引擎并非对每个独立的单项进行检索，它是以概率为要点进行工作的。所以，格罗弗算法可采用更类似于人类那样的模糊标准进行搜索。

格罗弗给出了一个例子。在例子中，我们需要寻找某人的电话号码。那人也许是某天你在大街上偶遇过的人，你记住了他的名是约翰却忘记了他的姓（也许他的姓太普通）。假设，你认为他有50%的概率姓史密斯，有30%的概率姓琼斯，有20%的概率姓米勒。你还记得的信息是：他能从自己的公寓看见伦敦塔，他电话号码的最后 3 个数字和你的私人医生的电话号码的最后 3 个数字完全相同。在我们解决现实中那些去结构化需求时，这些模糊信息就是一个典型的起始点。与任何传统搜索引擎所能达到的速度相比，格罗弗的新算法会使量子计算机用更短的时间取得更接近真解的结果。

计算机当为天下先

量子计算还存有许多潜在的用途仍有待人类继续创造发明。我们目前能掌握的主要是快速搜索和大数字因子分解这两项应用。鲁弗·格罗弗曾说："也许有人会持反对意见，但我仍然相信，未来将有更多的量子算法被发现。"迄今为止，相较于可运行这些算法的计算机而言，算法的发展显然更具有先进性。正如我们稍后会谈到的，虽然今天已有了一台可视为量子设备的商用计算机，但它并不能全方位地运行量子计算机算法。

尽管全世界有几十个团队正着力于量子计算机的研究，一些团队甚至可以让少量的量子比特短暂工作，但这些量子计算机仍然更像是大学里的实验性器材。它们通常需要搭配超低温冷却环境。显然，它们与你在电脑城买到的设备完全不同。

引擎内部

要理解量子计算机工程师所面对的困难，必须先了解计算机工作的本质。我们习惯于与直观的图形界面打交道，但图形界面的背后却是处理器对巨量的 0 和 1 的不停计算。只要有三个过程，就能使程序运行成为可能，这些程序包括低级的文字处理器到高级的超现实视频游戏。三个过程是：比特值可读、可复制、可改变。它们通过被称为门的装置实现，门可以根据其他比特值实现甄别以决定受它所管辖的那个比特值是否需要被更改。

门是简单的设备，是规则的硬件体现。原则上，它们可以通过各样的方式来展现规则。在计算机中，我们使用的典型的门是电子化的，由晶体管控制。但它们也可以是机械化的，我年少的时候就曾拥有过一台这样的计算机模型，它基于一组机械化的门而运行。

量子计算机也有门，但它们比传统计算机的门更复杂。究其原因，有一部分应归因于量子事件的一个现实情况——“不可克隆定理”。值得高兴的是，量子纠缠提供了针对这一情况的解决方法，尽管只能解决部分问题。而量子传态的过程意味着，如果原始量子粒子的状态在这一过程中丢失，依然有机会生成一个原始量子粒子的精确拷贝。

通过将属性转移给新的粒子且在不细究具体属性的前提下，纠缠使复制成为了可能。不过，量子门确实比传统门更棘手。举个例子：在量子世界，和非门最接近的是 X 门。传统的非门只是简单地将 0 变为 1、1 变为 0。X 门的情况则不太一样。假设某个量子比特具有 A 概率取值为 0、B 概率取值为 1。当这个量子比特通过 X 门后，将会有另一个量子比特产生，新的量子比特会具有 B 概率取值为 0、A 概率取值为 1。即，量子比特通过 X 门后，它在两种状态间的取值概率发生了交换。

量子时代 欺骗性的量子

上个世纪，量子计算机运行所需的逻辑结构和底层门结构就已被大量构建起来。然而，艰难之处在于如何让量子计算机运行。其重点并不在于软件部分，而在于硬件基础，即如何操作量子粒子。我们用光子作为量子比特来举例：生产光子是容易的，打开一个传统的灯泡，它每秒将散发出 1×10^{21} 个光子，这些光子均可用作量子比特。如果你希望在单个量子粒子的水平上进行操作，灯泡就失去了用处。

将巨量量子粒子整合计算并非不可能，事实上，这正是秀尔算法首次演示时所采用的方式。那次特别的实验发生于 2001 年，是在 IBM 的阿尔马登研究中心，由艾萨克·庄（Isaac Chuang）和他的团队进行的。

这个团队用以实验的是分子而非光子。他们并未操作单个分子，而是选用了 10^{16} 个定制的由 7 个氟/碳原子构成的分子，每个分子都等效于能容纳 7 量子比特的设备。然后，他们用射频脉冲来影响分子内的原子核自旋，同时用相同的射频脉冲作用在一台 NMR（核磁共振）设备（比如核磁共振成像扫描仪）上。这样，这台 NMR 设备就能受到相同参数的影响，使它能够检测量子比特最终拥有的概率值。

这个实验的聪明之处在于：实验中所选用的分子都是特意设计的，这些分子结构有序，其内部的原子会通过自身的状态影响邻近原子的状态。举个例，一个原子要颠倒自己的旋转方向，只会发生在一种情况之下——其邻近的原子已处于相同的状态。如此，这些原子的表现和门就极为相似了。当这样的原子数巨大时，意味着我们不但可以用核磁共振装置检测到结果，还能通过大多数正确的值将那些难以避免的错误的值淹没。正如我们看到的，实验计算机成功地推断出了 15 的因子为 3 和 5。不能说这一计算具有真正的挑战性，但它却在实践中演示了秀尔算法。

然而，这种将分子内的原子视为量子比特，以一团分子的平均值作取值的方法只能在少量的量子比特上实现。故而，对未来的可运行的量子计算机而言，似乎仍将会在单个量子粒子水平上进行操作。在这一领域中，目前的大部分工作都是基于这一假设而展开的。今天，我们已掌握了产生单个光子的方法，而产生单个原子（或至少是带电的原子，即已获得或失去电子的原子，也即离子）的方法早在 20 世纪 80 年代就已被人们掌握。

量子时代　牵制粒子

用光子作为量子比特有一些显著的优点，因为它们容易产生且非常稳定。这意味着，构建量子计算机所需要的门将变得简单，简单得如同组装分光器一般。在计算结束时，读取其计算结果也非常简单——因为光子检测技术的发达程度已非常高。然而，用光子作为量子比特也存在缺点——尽管它们可以被镜像容器困在一个小空间内，或使用某些如玻色—爱因斯坦凝聚体等材料来减慢速度，但它们不容易发生相互作用，且不会保持静止。

原子，或更有可能的是其带电版本离子，可以产生更多的易于操作的量子比特。与使用光子的情况相比，虽然操作原子的门元件更复杂，但原子会停留在原位并轻松地发生相互作用。在使用原子作为量子比特的研究中，离子阱是量子计算实验人员较为喜欢的方法之一。同时，也还有人在研究使用超导量子干涉装置（SQUID）进行计算的可能。除此之外，还有一个显眼的方法，即量子点的使用。量子点是一个固态陷阱，它能容纳一个单电子。因为量子点没那么混乱，所以相较于许多其他实验性量子计算设备而言，量子点设备的应用场景，更符合商业计算机的日常环境。不过，与其他量子计算机一样，基于量子点的设备同样需要面临退相干的问题。

时量代子 遗世而独立

要使量子计算机工作起来，就得把量子比特从周围的世界中隔离出来，让它只能与门及其他量子比特相互作用。事实上，做到这点是非常困难的，量子粒子通常会在极短的时间内与周围的物质相互作用，产生退相干。这个过程会使它失去叠加态，在计算机上不再具有任何值。对纠缠粒子来说，它的问题还得再翻一倍。正如维也纳大学世界纠缠中心的工作人员马夏松（Xiasong Ma）的评论："纠缠之始也，维艰。其守亦难，遑论其用乎。"

要使量子设备无忧地运行，推迟退相干发生的时间则是首先要解决的事情。然而，在早期的量子计算机中，退相干发生的时间是以百万分之一秒计算的。虽然量子计算机的运算很快，但它们主要承担大型任务的计算，这些任务的计算所需的时间通常低于毫秒级。今天，出现了一个有潜力克服退相干的装置——"热土豆"。在这一装置中，任一量子比特只会被使用很短的一个时间，随后其属性会通过传态的方式传递给另一个量子粒子。不过，计算机的尺寸越大，退相干问题也会越严重。

虽然困难重重，但我们在保持这些量子比特的新鲜度的工作上却越做越好。2013 年，加拿大西蒙·弗雷泽大学的一个团队曾成功地使一群量子比特在接近绝对零度的情况下保持叠加态长达 3 个小时，在室温下也保持了35 分钟。这是一个前所未有的高度。在这个团队的实验中，量子比特是由磷离子自旋形成的，这些磷离子被约束在高纯硅芯片之中。然而，这个实验涉及了大约100 亿个离子，且这些离子均处于相同的自旋状态（没有被修改）。这意味着，对于真正的量子计算机而言，这一实验毫无用处。

时量代子 漫漫长路

我们回顾一下理查德·休斯（Richard Hughes）的思想。休斯在洛斯·阿拉莫斯的美国国家实验室工作，他将量子计算领域截至目前的所有成就描述为“仍处于真空管时代的量子计算”。我们知道，在传统电子计算时代的初期，计算机均构建于电子管或真空管之上。显然，要将拥有 18 000 个真空管的埃尼阿克计算机（ENIAC）作简单放大，使其成为我们今天所使用的计算机是不现实的。因此，我们选择的做法并非是构建一个更高级的真空管，而是开发一个全新的技术建立一种全新的方法。在量子计算机的竞赛中，欲将量子比特的数量扩大到一个稳定的可工作的状态，也与上述情况类似，量子计算需要一个全新的技术。

在这场竞赛中，将量子计算机推向实际应用的一个积极的例子出现在 2013 年。纠缠的过程促使量子比特相互作用，并使量子计算的发展逐渐强大起来。现在，纠缠的过程已转移到了晶体管芯片上。昆士兰大学的一个团队率先在晶体管芯片上使两个位点的量子发生了纠缠。实验并未采用原子、电子或光子，而是使用了 0. 2mm（在量子术语中，这已是很大的量纲了）的铝质结构。实验可使量子比特发生纠缠。

在这场将量子计算机实用化的竞赛中，到 2013 年的时候出现了一个积极的例子，它突破了常规的必要步骤。纠缠的过程促使量子比特相互作用，这一过程也是量子计算强大能力的根本来源。要实现纠缠，必须用到复杂的实验器材，且操作的对象是难以处理的量子粒子。而现在，纠缠的过程已转移到了晶体管芯片上。昆士兰大学的一个团队率先在晶体管芯片上使两个位点发生了纠缠。这一实验中没有采用原子、电子或是光子，而是使用了0.2mm的铝质结构作为担当量子比特功能的人造原子集。如同光纤传导可见光那样，这一团队通过一个金属管来传导微波，作超导态下的微波波导实验，使量子比特发生纠缠。

时代 量子 失谐之中的和谐

大多数研究人员认为，解决量子计算机发展过程中的缺陷，只是时间问题。然而，在现实中，避免退相干发生且使量子比特保持纠缠却非常困难。以至于一小部分人认为，用现有的方法将无法构建出一个可以正常使用的量子计算机。不过，希望从一个奇怪的方向走来——一群非纯净量子比特集合会产生混乱，这种混乱状态似乎是可资利用的。利用了一些在行业中被称为“失谐”的东西后，这些量子比特似乎就能用于计算了。在2001年，这种可行性首次得以达成。当时，一台可称为量子计算机的机器，使用了秀尔的量子算法得出了15的因子。但人们逐渐发现，这台量子计算机事实上是有缺陷的：因为它无法安全地避开退相干的发生。量子计算机是在室温下运行的，可是在结果得出之前，计算机那7个量子比特的纠缠就已然坍缩。事实上，这台计算机依然成功完成了计算。

在传统的量子计算机中，一个量子门通常会容纳两个或两个以上无混乱的处于纠缠中的量子比特作为输入。满足这样的条件，量子计算机方可读取结果。但人们随后发现——让一个传统的具有无混乱状态的量子比特通过这样的逻辑门，并使它避开与周遭的环境发生相互作用；同时，人们让另一个处于混乱状态的更为“常规”的量子比特也通过这个逻辑门，以用于后续的测量。其结果是，量子计算机可以完成计算。虽然这样的两个量子比特并未发生纠缠，但它们之间似乎仍有相互作用，能使量子计算得以继续下去。“失谐”是衡量一个系统在接受观察时所受到的影响的大小。在传统的经典系统中，失谐为“0”。但任何处于叠加或纠缠状态的量子系统都会有一个“ >0”的失谐。失谐似乎能够在两个量子之间形成一定水平上的相关性，构成一种不容易坍缩的假纠缠状态，从而将纯净量子比特与混乱量子比特连接成一个混合体。

一些人习惯于传统计算带来的精确性，对他们来说，失谐计算机的输出会让他们感到困惑。由于牵涉到混乱，失谐计算机的结果并不精确，它是对多次运算进行平均计算的结果——但通过这种方法取得的数据，在结果上是可靠的。在失谐计算机里所装配的仍然是量子元件。虽然别的量子比特可以处于典型的普通状态，但由于失谐本身就是一个量子效应，故失谐计算机仍需要有至少 1 个纯净量子比特存在，同时还要避免这个量子比特发生退相干。如果这个纯净量子比特发生了退相干而变得混乱，那么，整个运算过程就会崩溃，计算机的运行也会失败。但是，直到这个纯净量子比特变得混乱之前的那一刻，那些由普通量子比特所引入的混乱无序以及噪声，似乎都促成了量子计算机的稳定。对那种避开了环境影响并保持量子比特纯净的量子计算机而言，这种有混乱状态的计算机似乎更加稳定。对任何想制造商业化的模型机并挣扎于退相干威胁的人而言，这是一个极具潜力的认知。

目前这种方法的使用还非常局限，我们只有在数学这门科学中才能利用到失谐相干中的那些非常简单的方案。现实中，实验物理学家们正等待着理论物理学家们迎头赶上。失谐有许多的光明前景，且也越来越受到学术界的重视。2012 年，首次与失谐相关的会议在新加坡召开，有超过 70 名研究人员参加了这次研讨会。这种量子计算的混合方法潜力巨大，它同时也是我们认识 D 波的一个极佳切入点。

量子时代 D 波

早在 2007 年，加拿大 D－Wave 系统公司就公布，他们拥有一台量子计算机。事实上，D 波计算机的确是量子技术的产物，但它是否采用了某种特别的方法尚待确定。如果它采用了某种特别的方法，这一方法应与传统量子计算的方法存在很大差异。D 波计算机的特别方法将带来一种规模效益，让人类在量子领域的所有努力变得富有价值。D 波计算机是一种“绝热量子计算机”。这意味着它采用的不是某种我们已讨论过的量子逻辑门。在这一计算机的设定中，量子比特将利用一种被称为量子退火的过程进行计算。

量子退火，指量子比特会尝试达到自己的最低能态。这样的过程对计算的实现方式提出了高要求。D 波计算机采用的方式是，在量子比特达到最低能态时，提供计算所需的答案。这类似于我们寻找一处景观的最低点时，首先需要通过概览以了解地形全貌，之后在某个选定的区域中寻找出最低点。在量子隧穿效应中，当通过能量峰时，量子会出现一类随机游动的现象。故能量峰可用作筛选器以寻找更低能态的量子比特，并最终发现具有最小能态的量子比特。选用这种方法的一切算法都存在一个缺陷——计算结果可能终结于某个错误的最小值。这是那些编写绝热量子计算机算法的人必须知道的。不过，在原则上，这一方法的确为寻找量子计算的算法提供了一把钥匙。

2006 年，这种计算机的一台实验性的版本出现了，并取得了一次初期的胜利。它通过“分解 143 的因子”击败了“分解 15 的因子”的把戏，而实现这一过程，这台量子计算机只使用了 4 个量子比特。这一过程并未使用快速的秀尔算法，而是采用了特殊的“绝热”算法，这一算法帮助计算机系统自然地得出了数字的因子。在生成因子这一计算过程中，秀尔算法比任何传统的方法更快捷。但当下的情况是，还没有证据证明“绝热”算法比秀尔算法更快捷。不过，有人声称，在运行特定软件时，D 波计算机比传统计算机快 3 600 倍。虽然这一描述是真实的，但它指的是把耗资 1 000 万美元的 D 波计算机跟传统计算机进行比较，且运行的是为特定目的设计的、经过特殊算法调试的软件。这样的比较，并不能证明 D 波计算机存在优势。

最新版的 D 波计算机有 503 个量子比特，由谷歌购买，安装在美国国家宇航局艾姆斯研究中心。当然，它比早期的测试机成熟多了，它看起来与商用计算机已非常相似。也有人对它存在质疑：绝热计算过程能否带来量子计算的真正优点。到目前为止，D波计算机发展中的最大成功在于“生成图像识别”算法。对于像谷歌这样的搜索引擎来说，它具有巨大的价值。但同样的，在达成这个目的上，并没有证据能证明D波计算机比传统计算机更快。但有一点我们可以肯定：D波计算机并非通用的量子计算机，而是一种非常专业的设备，只能运行一些有限的算法。

时量代子 通讯上的益处

让量子计算机工作是一回事，实现量子版本的互联网则是另一回事。能够实现远距离的量子纠缠是一件有价值的事，因为它能使基于纠缠而进行的量子加密变得简单。鉴于这点，在等效于地球基站到人造卫星这样的距离尺度上，人们已经开始了大量的研究工作，研究如何实现这些纠缠链路。从维也纳的一幢楼到另一幢楼发射的纠缠光子开始，人们已做了相当多的研究工作（其实，这个实验的难度极大：由特殊的隔热玻璃制成的窗户会将纠缠信号打断。如想将实验进行下去，不得不寄希望于办公楼中的业主们仁慈地更换自己的隔热玻璃）。研究人员在国际空间站进行了一个实验，通过这一实验的初步测试，可以将纠缠粒子发射到地球上两个分隔较远的位置（这正是该方法中分发纠缠量子密钥的关键）。能够发射这一对纠缠粒子的第一颗实验卫星，于2014年在日本升空。

无论是加密计算，抑或是实现量子计算机在量子比特水平上的链接以进行分布式运算，二者对光缆中纠缠粒子的分布提出了相似的要求，而这样的纠缠粒子分布又极具挑战性。为了实现这个挑战，一个机智的点子应运而生，它是由荷兰代尔夫特理工大学于2013年发表的，即使用钻石来解决这一问题。

在实验中，纠缠的量子比特被保存在两粒相距3米的钻石中。很显然，这只是为了证明一个概念——此种情况下，即使在距离上分隔较远，纠缠也能实现［在传统的量子比特（如离子阱中的离子）中，研究人员已证实了远距离纠缠的存在]。

在荷兰科学家的钻石里，其存在的量子比特是基于水晶中的杂质而形成的。纯钻石是碳原子的完美晶格，科学家通过把氮原子杂质与晶格间隙结合，使电子困在间隙中。基于这个电子的自旋态形成一个量子比特。然而，这是一个低效的过程，一千万次尝试只会产生一次纠缠，但人们预期这一过程的效率能显著提高。与离子阱相比，钻石量子比特的最大优势是它能在室温下保持相对的稳定性，而离子阱必须进行超低温冷却。钻石可以忍受更高的温度，因为晶格将量子比特保护在它的中央，不受潜在的退相干源的影响。现已证明，量子比特会不可避免地发生衰减。但在钻石中，量子比特可通过附近的间隙进行传态，使其保持稳定长达数秒时间。这超过了现有量子比特维持稳定性的典型时间（微秒级）。与其他量子比特技术相比，钻石更具扩展潜力。虽然现今的研究仍处于初级阶段，但它的价值是巨大的，它或许会在未来成为量子计算机科学家的最好朋友。

虽然超低温环境并不是必需的，但目前的大多数量子计算仍然依赖于超低温环境，以保持量子比特的相对稳定性。然而，超冷并不只是电和磁的效应，它还可以转换流体的性质。

12　它活了！

假如，桌上有一个液体形成的圈。你快速搅拌这个圈，它会即刻旋转起来，不停地旋转。它永恒地旋转就如电流自由地在超导体中流动那般。超流体没有黏度，也没有摩擦。超流体没有内在的黏性，没有什么会阻止超流体的移动。我们在一个杯子中装入超流液氦，这种奇异的物质会自然地爬上杯壁，漫过杯沿以液滴的形式流出杯子。

时量代子　一种特殊的液体

海克·卡默林·昂内斯是第一个观察到超导电性的科学家。他在超低温上取得的成就意味着，他是首个在工作中观察到超流体的人。由于氦被冷却至临界温度，反应容器中微小的观察窗让昂内斯看到了液体的沸腾。事实上，冷却的过程正是利用了这种沸腾，从沸腾的液体上将氦蒸气即时移除，以去掉快速移动的原子，将更慢更冷的原子留了下来。

随着温度降至 2.17K（－270.98℃）以下，液体外观会发生转变。热闹的沸腾过程突然停止，留下了一个平静的水平面。显然，某种相变发生了。所发生的事件是，一些液氦变成了超流体，没有黏度和热阻。沸腾的液体中会形成气泡，是因为液体并不是完全同质的。液体中存在一些温度更高的热点区域，在这些热点区域有更多的液体变成了蒸气形成气泡。超流体是很好的传导体，可将任何积聚的热量在气泡形成之前转移扩散，留下一个平静的无波澜的表面。

昂内斯注意到了这点，却并未采取进一步的举动，对这些事情的理解陷入了停滞。直到20世纪30年代，俄罗斯的彼得·卡皮查（Pyotr Kapitsa）和剑桥的约翰·艾伦（John Allen）与冬·麦色纳（Don Misener）才发现了超流体的全部真相。卡皮查在剑桥的蒙德实验室开始了他的低温研究，他开发了一种新的大量生产液氦的方法。1934年，他返回俄国（带着他的一些设备）建立物理研究所。1937年，他与上述那一对蒙德实验室的工作人员合作发现了超流态。

时量代子 逃生专家玻色子

超流体是逃生专家。超流体缺乏黏性，这意味着随时间的推移，分子的自然运动足以使超流体找到出路，哪怕它们面对的是最细长的狭缝。事实上，尽管是液体，它们的行为却与气体相似。更戏剧性的是，装在开口容器中的超流体会自然地在容器内表面向上攀升，在容器内表面形成一层薄膜进而包裹住容器的开口，并沿着容器的外壁向下包裹。这意味着，随着时间的推移，它会全部流出杯子，这显然与地心引力说相违背。超流体现象的出现，与超导现象的出现非常相似。在超导体中，电子会结成对并在整个材料中产生出交叠的波函数。在超流体中，较大的玻色子会与波函数联系起来，形成一种被称作玻色—爱因斯坦凝聚态的物质（即玻色—爱因斯坦凝聚体）。

要解释“玻色子”这个词，需要多思考一下，因为它经常被媒体误用（尤其是我们提到另一个玻色子，即希格斯玻色子时）。说玻色子是一种粒子，它是根据印度物理学家萨特延德拉·玻色（Satyendra Bose）的名字命名而来。它的准确读音应为“boze - on”而不是“bosun”，许多新闻主播会把它的读音弄错。量子粒子，要么是玻色子，要么是费米子，也即描述它们行为的数学模型。玻色子遵循玻色—爱因斯坦统计量，而费米子遵循费米—狄拉克统计量。这两种粒子具有不同的自旋值——费米子为半整数值，玻色子为整数值。在行为上，玻色子可轻易地在量子状态彼此相同的情况下大量聚集；然而在同样的具有组合波函数的系统中，两个费米子却不会处于相同的量子状态。这也被称为泡利不相容原理，它是量子力学的基本法则。

就基本粒子而言，“物质”颗粒通常为费米子；携带力场的粒子（如光子）通常为玻色子。就组合粒子（如原子）而言，可以是两者中的任何一个，就看其自旋值是如何相加的。超导电性和超流态依赖于那些在行为上表现为玻色子的粒子，这也解释了超导体为何需要电子结对（电子的半整数自旋结合会形成整数自旋）。结对的电子成为了玻色子。从氦的两种同位素类型，我们可以看到电子结对的重要性。

“标准”的氦（氦-4）在原子核中有两个质子和两个中子。这样的偶数使其形成了玻色子，所以它能进入特殊状态，使它相对容易地成为一种超流体。只有一个中子的氦的同位素（氦-3）是一个有着奇数粒子的费米子。只有当它的原子配对形成一个玻色子时，它才会成为超流体，故氦-3成为超流体必须在极低温度下才会发生。

时代 量子　不止是奇怪的事物

长久以来，超流体似乎一直是个奇怪的东西，它似乎只是为了实验展示而存在。但最近，它们已被用在了专业的陀螺仪中，用来精确测量重力的变化。它还能作为“量子溶剂”，促使其他物质自然聚集，这在光谱学中具有重要意义。光谱学利用物质与光的相互作用以了解材料的组成成分，光谱学分析过程通常在气相中进行。“量子溶剂”的特殊物理性质意味着，溶解在“量子溶剂”中的粒子具有气态行为，所以那些难以在气相中进行研究的材料也可以进行光谱分析了。

超流体表现出仿似气体的行为，使它可被用于超级冰箱的制作。冰箱的运行依靠一种物理学效应——液体被迫通过一个狭窄的隙缝会实现自然冷却，液体通过隙缝后会迅速蒸发，这一过程可将能量从液体中带走并降低液体的温度。在这样的过程中，超流体的效果尤为明显，因而得到了大量使用。例如在1983年发射的红外空间望远镜（红外天文卫星）中，人们在一个类似冰箱的系统中部署了超低温氦，以保持该系统能被冷却到极致，同时还避免了在制冷过程中产生振动。

超流体还有一项非常特殊的用途，这种物质能捕捉到一些难以捉摸的自然现象——一些超流体可以捕捉光。

量子时代 缓速玻璃

假如，存在一种特别的窗户，光穿透这扇窗户需要花费 1 年的时间。如果我们将这扇窗户置于任何一处实景之后，那么你将在 12 个月后才能看到这幅实景。进入你视野的实景并非电视画面，而是真正的实景，即那些耗时 12 个月才穿过窗户的光。这虽是一种科学幻想［鲍勃·肖（Bob Shaw）基于“缓速玻璃”这一概念曾撰写过一本科幻图书《昔日之光》］，但这一幻想也无限接近科学真相。这一真相来源于一种特殊的超流体，这种超流体的形成利用了玻色—爱因斯坦凝聚态，它能对光速产生影响。

我们习惯于将光速看作一个普适常数。我们被告知，没有什么能比光速更快。这个结论是正确的，但这种说法太过简略。更严谨的说法是，没有什么能比真空中的光速更快。光在真空中的速度是每秒 299 792 458 米。但光通过诸如空气或玻璃这样的介质时，它的速度会降低。我们通过单个光子在量子水平上的解析，可以轻松地解释这种减速现象。

我们倾向于认为，透明的物质让光不受影响地通过。事实上，光子会不可避免地与电子发生互相作用。在这个过程中，发生互相作用的光子提高了电子的能量，然后消失。不久后，电子将重新发出光子，这个光子将在介质中继续着量子电动力学的永恒之舞。这个过程将不可避免地减缓光子的速度。以玻璃为例，光在其中的传播速度是真空中的三分之二。此外，这种减速会导致某些类型的核反应堆周围的液体发出蓝光。反应堆喷射出电子，射入水中的电子的速度大于光子在水中的速度。其结果是引发了光学音爆，我们称其为切伦科夫辐射。

所以，我们在理论上确实可以制作出这样一个特别的窗户。唯一的问题是，真空中光速的三分之二依然非常快。通过计算，我们需要制作

一块 5×10^{15} 米厚的玻璃才能实现。超流体在这方面则突出了自己的优势。20 世纪 90 年代末，哈佛大学罗兰科学研究所的丹麦科学家琳恩·韦斯特高·豪（Lene Verstergaad Hau）使用玻色—爱因斯坦凝聚体，将光速降低到了人类步行的速度。

时量代子 凝聚体的内部

在哈佛的实验中，钠原子被冷却至形成玻色—爱因斯坦凝聚体。通常情况下，凝聚体是不透明的，但豪的小组使用激光在这一材料中打出了一条通道。激光改变了凝聚体，跟随其路径而来的第二道激光束中的光子与凝聚体中的粒子发生了相互作用，致使这些光子在通过这一材料时的速度大大降低。他们在实验的初期将光速降至了每秒 17 米。之后，他们进一步将速度降低至每秒 1 米。

2001 年，豪的团队继续着自己的研究，他们逐步降低初始光束（即耦合激光）的强度以观察其影响。当初始光束的强度逐渐减少到零时，第二道光束上发生了一些不寻常的事情：人们观察不到第二道光的出现了。事实上，第二道光并非像进入黑腔那样被简单吸收了。当耦合激光重新启动时，第二束光束会从凝聚体中流出。因此，这一材料成功地捕捉了进入它内部的光，生成了一种物质与光的混合物，人们称其为“暗态”。

暗态在随后的量子计算机的发展中得到了深入的开发。2006 年，豪的团队成功地使一个基于光子的量子比特被凝聚体吸收，并在人们需要的时候释放出来，且使量子比特保持不变。看上去，量子比特似乎在凝聚体中被转化为了波，这道波又再现了量子比特。因为凝聚体有单一的波函数，所以钠原子的行为是相干的且不会丢失量子信息。在实验中，量子比特被成功地送进了相距很近的（160 微米）完全分隔开的第二个凝聚体。这实际上是量子比特在介质中转化为了物理波，以物理波的形式从一个凝聚体穿入了另一个凝聚体，并在第二个凝聚体中恢复为量子比特。

时量代子 混乱的光子

虽然豪的凝聚体并非真正的缓速玻璃，但它仍是一个了不起的成就。事实上，缓速玻璃存在一个问题——从不同方向进入玻璃的光通过玻璃的时间各不相同。这也是我们现实生活中光通过任何玻璃时都会发生的情况。只是在一般情况下，这个时间差可以小到忽略。缓速玻璃的情况则有点特别：试想有张1厘米厚的玻璃，光从玻璃的正面穿透需要耗费1年的时间，光从玻璃的对角线穿透需要耗费1.4年的时间。如此，你在玻璃的内侧看到的图像将会是一堆毫无意义的杂乱光子。鉴于此，欲将缓速玻璃变为现实，就需要引入某种类型的全息技术，使位于玻璃外侧的整个图像能作为一个单一的单位整体通过缓速玻璃。

如果你需要的只是光而并非图像，这个问题将不复存在。例如，我们假想将一片"时间深度"约为12小时的缓速玻璃板悬挂在一条街道距离地面几米高的地方。白天，从不同方向射向玻璃板的光线会渐序透过玻璃。夜晚，光从玻璃中流泻而出，照亮了它的下方。它是典型的自然光照明，而非人工照明——自然光在穿透这片玻璃时发生了时间延迟。这将是完美的人造光，无需任何电力就能持续发出光亮。

事实上，这个构想仍然停留在科幻阶段。豪的玻色—爱因斯坦凝聚体需要花费巨大的资金以将温度控制到绝对零度的附近，且还必须有激光的配合。这比今天我们所见的任何路灯产生的费用更昂贵。如果某日，人们能生产出这类物质的室温材料的话，缓速玻璃将会为我们带来巨大的变革，它的潜力将得到广泛应用。

时量代子 感受这股力量

2013年，玻色—爱因斯坦凝聚体和光的相互作用再次进入了科幻领域，但这次进入科幻领域的是一个不寻常的新物理现象，这一现象被比喻为了光剑。新闻界迎来了沸腾的一天："星球大战光剑终于被发明了出来"、"科学家终于发明了真正的可使用的光剑"、"麻省理工、哈佛的科学家偶然创造了现实存在的光剑"。做出此发现的科学家们中的一员，哈佛大学的米哈伊尔·卢金（Mikhail Lukin）教授发表的评论更是火上浇油，"将现象与光剑作类比，具有一定的合理性"。哈佛毫无疑问地应和着媒体的呼应，但现实却与头条的狂热相去甚远。

媒体对量子物理学的认知哪怕是达到本书读者现在的水平，也不至于会进行如此的评论。这些媒体会说，这是一个库珀对（链接在一起的电子使超导电性生效）的光学等价物，因为卢金和麻省理工学院教授弗拉丹·卢勒狄克（Vladan Vuletic）制造出了光"分子"，使光子成对地连接起来。它并非一把可视的光剑，虽然这种说法或许会令这项技术失去激动人心的公关价值。

使光子成对连接可是一件了不起的事，但这并不意味着可以用连接起来的光子制造出光剑。说它了不起是因为，通常在计算机中，尤其是量子计算机中尝试使用光子无法避开一个令人沮丧的事情——光子是孤独的生物：光子彼此忽视，如无物般穿梭于其他光子。在日常生活中，这或许并非坏事。想一想，你鼻子前的空气正发生的事儿。你鼻子前的空气正被数十亿的光子从四面八方穿透。在这些光子中，有让你能够视物的可见光，有由收音机、电视、手机、蓝牙等设备所使用的射频电波，也有散热器发出的红外线。这一小团空气，就是一个错综复杂的光之海洋。

再想一想，如果这些光子发生相互作用会有什么后果。从光学角度来看，那样的情形无疑是恐怖的。所有的光子彼此碰撞，你将失去视力，无线电技术也将失灵。这可不是什么好景象。然而，如果我们能控制它们，控制光子间的相互作用，量子计算机或使用光子的计算机将得到大跨步的跃进。我们希望的量子比特并不是完全孤立的，它们间必须发生某些相互作用后，计算机才能正常工作。

时量代子 开关光线

同样是2013年，麻省理工学院、哈佛大学、维也纳技术大学的联合小组与许多来自“光剑”实验中的参与者一起，制造出了“光晶体管”。它是个开关，它依据单个光子的状态决定该装置对光进行传输或是反射。它由一对镜子组成，镜子的中间填充了超低温铯原子。镜子被精细地定位以创建出一个谐振腔，从而产生一种量子效应。单个光子射入到铯气中时，其量子态会发生改变，其改变程度足以阻止几乎所有的光通过。

对于那些研究量子计算机的人来说，这是令人激动的。因为只是一个单一的具有叠加态下全部量子能力的光子，就能引起这样的效果。我们现在有了一种真正的、小尺寸的薛定谔的猫，光子的量子特性被转移到了它所控制的光束上。虽然最初的实验只是一个概念的证明——量子计算机需要超低温气体的固态等价物，但这对光学计算的研究具有重要贡献。

时量代子 操控里德伯封锁

那么，“光剑”实验究竟发生了什么？当某个原子中的一个或多个电子被推高至较高的能级，激发态的原子就成为了里德伯原子。里德伯原子会影响自己附近的原子，阻止它们被激发到同一状态。如果2个光子分别泵入实验所使用的介质，第1个光子会建立起“里德伯封锁”，第2个光子会遭到阻挡直至第1个光子在介质中移动到更远的位置。这2个光子相互联系起来，继而与一系列激发态原子相互作用，并在此过程中相互推拉。

从实际的角度来看，这一实验尚处于早期阶段。但实验的方向表明，光子能创造出复杂的结构，甚至能做出光的结晶体。这样，我们能使用这些结构来构建计算机工作中所必需的逻辑门，只是这里我们利用的是光子而非电子。有趣的是，自从有了那火热的固定了光束长度的长剑后，人们很难再对精细的光分子有更深远的想法。媒体发布的那些新闻中的引爆点，也许具有一定的现实性的。因为在这一方向上，光分子是具有潜力的，在量子水平上它能延伸出很多应用。

13 量子宇宙

可以想象，一个没有量子技术的宇宙，几乎是空洞的。在底层水平上，我们的世界均依赖于原子和光以及它们之间相互作用的量子之舞。即便你试图避开那些在本质上使用了量子物理学理论的技术，并努力地将自己的观点局限于量子物理学的周边技术（比如说电子学），你依然无法逃避一个现实——现代生活与量子物理不可分离。

量子技术

我坐在 iMac 这样一个满是量子技术的设备前打字，我能看到电话机（移动电话和有线电话）、银行个人识别码（PIN）设备、激光打印机、CD 驱动器，甚至光剑（虽然那只是个玩具）。没有量子技术的支持，我做不了任何工作。一直以来，量子领域的发展都在持续进步着，这些进步正为人们的日常生活带来改变。

比如：量子加密并非象牙塔科学家们的专利。事实上，世界上许多公司都在研究量子密钥系统，从 IBM 和东芝到专业公司 MagiQ 和 ID Quantique。这也客观印证了，量子效应具有巨大的应用潜力。

太空中的纠缠

目前，量子密钥已能在实验室中实现一次性分发。要将这一分发过程转变为能在日常使用中为人们提供稳定的可广泛使用的服务，其关键在于建立起某类量子版本的互联网，或者至少是一种非凡的私有互联网。要让这个加密技术应用于实际，还需要有工作站组成网络，以向远端分发量子密钥。这样，英国的某家银行就能安全地与美国的另一家银行进行量子通信了。量子工作站的理想位置应设置在外太空，因为卫星可以覆盖广泛的潜在目标。这就是为什么维也纳的安顿·宰林格的团队愿花费大把时间将纠缠的光子在建筑间传递作为研究点的重要原因。这样的网络还可以用以建立一种分布式量子计算机，使用纠缠将一个位置的量子比特与另一个位置的量子比特联系起来。

在超长距离进行通信时，要保持通信的连接并不容易。通常情况下，超长距离发送的无线电信号或激光信号是由大量光子组成。在信号传输过程中，许多光子会在半途迷失方向——要么被空气中的分子散射掉，要么与物质发生了相互作用。在我们当前的通信技术中，部分光子发生损失并不会破坏通信过程。然而，量子信号工作于单个光子水平，传输过程中单个光子的损耗足以严重破坏量子信号的传递。此外，欲使量子密钥的单个比特生成多副本是不现实的，否则人们就可以在不扰乱纠缠的前提下拦截部分传输流。基于此，使用卫星作为交换站极具吸引力。采用这种方式，光子的传输通路会有相当长的一段距离处于太空中，那里几乎没有什么物质能与光子发生相互作用。

当下有许多正进行着的尝试，试图让实验性的卫星量子基站运行起来，这其中包括了安顿·宰林格与欧洲空间局的合作。他们在国际空间站进行了一项实验，也包括了加拿大量子计算研究所与加拿大空间局及日本卫星间的合作。尽管目前还未获得成功，但这一技术终将会普及商用。基于卫星的“量子遮蔽层”将会使地球上两地间的通信变得简单，这个距离甚至可以达到地球半径的长度（这取决于卫星轨道离地心的距离）。

时量代子 道德真空

和许多新技术一样，这一有潜力的技术是一把双刃剑，它既有用处又令人担忧。有了它，意味着金融交易更安全且能即时完成，以避免因秀尔算法的使用而被破解出公钥/私钥系统中的大素数因子。我们日常的在线安全交易（Web 浏览器中显示小挂锁的那些交易）可以通过量子密钥卫星分发的量子密钥得到加强保护。同时，这一牢不可破的通信方式也会成为恐怖分子和间谍们的福音。他们可以不惧政府的拦截进行安全通信。因此，对于像 RSA 这样的系统，也许可以通过这样的一种方式进行构建——在整个加密系统中引入一项安全服务，这一服务能无条件地获得加密文件的访问权限。虽然，这样做会引起公民自由组织的愤怒，但在某些时候这一方式也许有其合理性。因为一旦有了量子密钥分发，就绝不会有后门。安全的技术只是一项技术，这一技术本身并不会在意它加密的信息是什么。

与其他新技术一样，在道德上，量子物理的应用方式是中立的。它可以为我们提供某些能力，如何利用这些能力则取决于使用者。知识的精灵一旦放出了瓶子，就不会再回去。

今天的人们看待量子物理学理论及其相关技术的应用与早期科学家和工程师看待电力的方式是一致的。当时的人们并不知道什么是电，但他们可以利用并享受它为人们带来的诸多好处。今天，也许我们能说自己已理解了电力效应，但对量子宇宙的理解仍存在巨大障碍，因为我们缺乏一个可供理解的装置。从某种意义上说，物理学永远不能在量子水平上阐明现实本质包含的绝对真理。它能做的，只是为我们提供模型。两位获得诺贝尔奖的物理学家理查德·费曼和史蒂文·温伯格曾就这一问题进行过评论。

量子时代 量子是什么？

费曼曾说：“我想强调的是，光以粒子的形式存在。”费曼认为所有的量子粒子均以粒子的形式存在，只是这里提及到光，故而强调。温伯格曾写道：“宇宙的居民应当是各样的场——电子场、质子场、电磁场，粒子是各种场被简化后的表象。”

人们通常会认为，年长的费曼更早地提出了自己的想法，之后，他的想法被温伯格的新思维替代。事实上，费曼的粒子概念最早出现在1985年他出版的书里，晚于温伯格发表此观点近十年。在物理学界以外，费曼的粒子观点似乎更容易被接受，因为在整体上我们感知的事物确实是以粒子而非场的形式出现。场似乎是个思维概念，它并不真实。要定义单个电子的位置需用到一个充满整个宇宙的场，而不是某个简单微小物体。在学术界，多数现代物理学家会支持温伯格的观点。温伯格和费曼的对错仅取决于你的主观认识。

事实上，描述量子现象的两种方式均符合观测结果，且我们也没有更好的办法对其进行分辨。比如，我们没有办法查看电子“到底”是什么。我们只能根据观察来测试模型，看那些模型能稳健到什么程度，以及那些模型预测的结果与观察到的结果具有何种匹配度。无论粒子学说模型还是场学说模型，二者与观测结果的匹配度都很高。在数学中，场学说模型显得更易理解，这也是现代物理学家喜欢场学说的原因。不过，温伯格提出粒子“仅是表象”这一观点是错误的。粒子与场同样真实，二者也同样虚幻。

量子时代 在黑暗中猜测

布鲁斯·格雷戈瑞（Bruce Gregory）在他的书《发明真实》中指出——科学家（物理学家）的工作，就像人们盯着一个完全密封的复杂时钟，试图弄清其内部的工作原理，弄清它是如何产生了我们所观察到的结果。我们可以想到各种不同的理论，以解释它在任一特定时刻在钟表盘上呈现出的不同结果。其内部，或许有一个发条，或许有一个无线电链接以接收外部的广播时间信号，又或许还有一些其他的可能性。例如，或许里面内置了一个小鬼，按它脉搏的规律转动手柄，信息通过各种各样的装置显示在钟表盘上。

需要明确的是，这个钟表永远无法拆开。我们所能做的，只是重新阅读我们的理论，并与我们观察到的结果相匹配。那些匹配得最好的理论，那些在预测未来这个问题上最有效的理论，就是我们可以使用的理论。有时，几个不同的理论会产生出同样的结果，且从数学角度显示为等价。在这种情况下，我们对理论的选择就只能依靠主观了。我们也许会因为某一理论在数学上体现起来更容易而偏向，也许会因为某一理论与我们的自然倾向更一致而偏向。

我们需要摒弃一个想法：我们的模型即真相。当我们描述原子是如何行为的，描述光与物质相互作用时会发生什么时，我们并非在描述真相。相反，我们谈论的只是模型。我们谈论的那个模型恰巧很好地符合了观察到的结果。现在，让我们再回忆一下那个密封的时钟。时钟能工作，也许真是因为在它的内部有一个很小的“顽皮鬼”在拉动杠杆。这种可能性是完全存在的，也可能这就是真相（虽然我不希望它是）。考虑到时钟要以恒定的速度运动，它内部所蕴藏的东西应该是发条一类的设备才对。这样，我在发条方面的数学知识就能预测出时钟钟面上的指针为何会呈现出我们所观察到的样子。不过，上面说的这些并非关键，除非我们将这些事情以哲学的观点进行讨论。科学比哲学更务实。

不求甚解有时或许会为我们带来好处。如果我们的科学家将全部的精力都花费在对真相精益求精上，量子物理学也许永不会被我们运用起来。如果这样，量子物理学将演变为一个贫瘠学科，对科学界以外的世界不会产生任何意义。事实上，物理学家们已为我们提供了与真相足够相符的模型，使我们可以把量子行为的奇特之处利用起来。

量子时代　用量子构建

即使是在最基本的层面，我们对量子物理学的潜力的接触也才刚刚开始。使用量子知识，我们也许能制造出某些新材料，这些新材料将截然区别于其他自然材料。科幻故事带着“人类未知的新元素”来袭，这种元素不是超强的就是超自然的。这时，科学家们畏缩了，因为我们对元素的认知已非常深入，我们知道元素周期表中哪些地方仍然空白。但是，在场的领域，我们不明白的地方还太多。

我们习惯于接受物质存在的三种基本形式——气态、液态、固态。在物理学家的视界，还存在另外两种基本形式——等离子态（物质被加热到极高温度，直至失去或获得电子并成为离子的集合）和玻色—爱因斯坦凝聚态。如同剑桥大学卡文迪许实验室量子物质组主任马尔特·格罗舍（Malte Grosche）所指出的，“量子物理与化学有着有趣的相似性。”

目前，大约只有 100 个元素可供化学家们研究。如果我们将研究对象扩展为化合物（以不同的方式将元素结合起来），研究对象将无穷无尽，从简单的双原子结构（如氯化钠）到染色体中复杂的大型 DNA 分子结构。类似地，通过量子方法将能制造出新的物质态，其电子自组织的方式将改变材料的自然属性。

这仅仅是开始，格罗舍还做出了一份清单。这个清单非常奇特，我们难以预测它将如何改变事物。在这份清单中，他谈到了不寻常的粒子－孔洞凝聚体（例如自旋或电荷的波梅兰丘克序），也谈到了手性磁体中的斯格明子晶格，在自旋冰材料中的磁单极子，以及拓扑绝缘体。也许它们听起来非常科幻，但它们却非常真实。

时量代子 看到量子效应

我们可以在“宏观”的物体（可以看到并能与我们产生相互作用的物体）中看到越来越多的量子效应事例。最著名的是，我们之前谈过的超导电性这样的现象。最奇怪的量子效应事例出现在 2005 年巴黎狄德罗大学进行的一个实验。伊夫·库代（Yves Couder）和艾曼纽·福尔（Emmanuel Fort）在一个平台上放了一浴盆的油，平台能让油的内部产生垂直振动。然后，他们将一滴油（肉眼可观察的）滴在了浴盆的表面，出现了令人吃惊的结果。

我们通常会认为，油滴会散开并溶入油的主体，且振动还会加剧油滴溶入的过程。但事实是，油滴保持了完整性，在浴盆内的油的表面上下反弹，并顺着油面散发出了波纹。随着实验者增大振动功率，油滴开始在波纹上轻快地跳跃，油滴到达浴盆的边缘时会改变方向跳回。库代和福尔将这种运动的液滴（油滴）称为“步行者”——这样的行为让它们看上去仿佛活物一般。他们指出，这种现象与量子宇宙具有某种相似性，跳动的液滴和推动它们的波纹具有某种同一性。这是一种可见的波粒二象性。

接下来，两位科学家对他们的“步行者”开始了进一步的实验，他们发现“步行者”与量子宇宙的相似性还远不止于此。他们成功地复制了量子版本的杨氏双缝干涉实验。在实验中，油面的波纹穿过了两道狭缝，因此波纹与狭缝之间发生了相互作用。油滴穿过其中一道狭缝时，会形成一组由分散粒子构成的干涉图像。实验者们观察到的是液滴版本的量子化轨道现象。正是量子化轨道，促使尼尔斯·玻尔开启了量子理论之路。

“步行者”反映了路易斯·德布罗意的早期观点。他认为波粒二象性的本质来源于以实体形式存在的粒子。因为这些粒子伴随有一个“导波”，因此人们观察到粒子具有波一样的行为。事实上，巴黎实验中的油滴受控于油盆表面的导波。少数物理学家认为，“步行者”现象与量子物理直接相关，是一个真正的量子效应。但大多数物理学家却认为，“步行者”现象只是一个优雅有趣的，类量子效应的现象。“步行者”现象形成的过程与我们所认知的量子效应形成过程有类似之处，但并不等同。虽然二者并不相同，但“步行者”现象确为量子事件提供了一个极好的模拟模型。

当然，这种类型的量子现象相较于常规的量子现象，也存在一些明显的区别。量子粒子不会“疲劳”——在未受到干预的情况下，它们将永远保持原状运行。油盆中的波纹，却需要振动器持续地补充能量。在前面的实验中，波局限于两个维度，而量子粒子会在三个维度中存在其自身的概率波（两个粒子会有六个维度，以此类推）。科学家推测，各维度能否实现相互独立，对纠缠能否发生至关重要。因此，“步行者”不大可能展现出最为精髓的量子现象。

时量代子 恋上你的模型

即使是专业人士，也难以对量子物理学模型与现实之间的区别作出详细描述。事实上，很多科学家发现，承认自己做出的模型并非真相是困难的。在史蒂芬·霍金与伦纳德·姆罗迪诺（Leonard Mlodinow）合著的《大设计》一书中，霍金宣称哲学已经死亡，因为科学可以解决曾由哲学解决的任何问题。然而，霍金的想法太过天真。事实上，科学家都会被迫学习一些基础的科学哲学，以更好地开展自己的科学工作。

例如，我们以前谈过的布莱恩·考克斯（《量子宇宙》一书作者）就曾提出，量子粒子可以同时出现在不同的地方。考克斯在科学普及上做得很好。我用他来举例，只是为了说明人们在论及模型与量子理论时有多么容易犯错。在考克斯与杰夫·福肖合著的《量子宇宙》中，他们写道："我们即将发现，量子理论对自然进行了描述。量子理论具有巨大的预测和探索能力……"

量子理论对我们认识宇宙具有重要意义。量子理论能让我们认识宇宙中的各种自然力，如电子的能力、激光器的能力等。但量子理论尚不足以描述自然。量子理论能够做的，只是预测我们对自然所做的观察会产生何种结果，而这一过程与描述自然有很大区别的。

时量代子 避免量子狂热

我们需要注意的是，量子理论描述的仅是模型而非"真相"。受后现代主义那些奇怪言论的影响，学术界存在一种倾向，欲将对量子的观测扩展到"宏观"世界。测不准原理意味着"一切皆不确定"；量子理论的神秘本质意味着"一切皆神秘"。

是的，我们只是在讨论模型。是的，量子物理学并未描述真实的自然。量子物理学只是为我们提供了一种方法，是我们根据现有数据预测未来结果的最佳方法。量子理论认为，不存在绝对的真相，真相只能基于概率进行预测。同时，量子物理学的预测结果与实际结果高度相符。比如，它预测的伦敦到纽约的距离，可以精确到与一根头发丝宽度相当的水平。

不同的理论，其价值与能力的等价度并不相同。即使在某些虚幻理论中人为添加“量子”这样的词汇，也不能代表真相。今天，你进行在线搜索，可轻易地找到一些有趣的结果。例如，你可以搜索到“量子”设备能神奇地改变水，具有“量子”性质的水可以“恢复保湿所需的特殊平衡”。不过，在看到这条结果之前，你也许还会找到一些其他内容，这些内容可能引入了特殊的“能量场”术语或其他一些物理学术语。媒体在进行广告宣传时通常会加入这些词汇以增加其科学性和渲染力。

时量代子 新的真相

在描述某样物品时，只是简单地在语言中引入科学术语甚至量子物理学术语，并不能对该物品作出真实表达。在某种程度上，量子术语常被人们引用。这样的现象并不奇怪，这也从侧面说明了量子物理学对我们日常生活的重要。历史上，一些社会有“船货崇拜”（船货崇拜出现于一些与世隔绝的落后土著，崇拜者看见外来的先进科技物品时，会将之视为神祇崇拜）的思想。他们试图通过这样的方式（建造正版建筑的仿制版）复刻技术社会的外在表象。而量子术语的滥用被理查德·费曼称为“船货崇拜科学”。“船货崇拜科学”并不值得提倡，但这样的科学却强调了量子物理学在人类生活中的重要性。

欢迎进入量子时代。

《量子时代》详述了人们生活中与量子相关的现象以及量子理论在未来科学中的应用。从电子到光子、从磁悬浮列车到量子干涉装置、从量子计算机到量子宇宙，克莱格为我们透析了量子以及量子纠缠特性的本源。

量子科学并非科学家们的专利，也非物理学专业本科以上的人的专有研究对象，没有经典物理学背景的人或许更适合学习或研究量子科学。

布莱恩·克莱格（Brian Clegg），英国理论物理学家，著名科普作家。克莱格曾在牛津大学研习物理，一生致力于将宇宙中最奇特领域的研究介绍给大众读者。他是英国大众科学网站的编辑和英国皇家艺术学会会员。著有科普畅销书《量子纠缠》、《飞行科学》、《构造时间机器》、《十大物理学家》、《宇宙中的相对论》等。